C 程序设计实践教程

李振立　张慧萍　主编

科　学　出　版　社

北　京

内 容 简 介

　　本书是《C程序设计》的配套实践教材，共分10章，各章均由学习指导和实训两部分构成。学习指导包括预习指导、学习指导、典型案例分析、解题方法、分析方法、习题与习题解答等内容；实训包括实验要求、编程方法、程序调试方法、实验报告等栏目与内容。本书从预习、学习、复习、练习、上机、调试和应试各个教学环节为学生提供案例和学习参考内容，训练学生计算思维能力、分析能力和编程能力。

　　本书由长期工作在教学一线的教师编写，全书各知识单元编排层次清楚、条理分明、结构合理而严谨、案例丰富、详略度把握得体。与《C程序设计》配套，可作为各类高等院校本、专科非计算机专业的"C语言程序设计"课程教材，也可以作为独立学院、高职高专、网络学院的教材。

图书在版编目（CIP）数据

C程序设计实践教程/李振立，张慧萍主编. —北京：科学出版社，2011.11
ISBN 978-7-03-032524-2

Ⅰ.①C… Ⅱ.①李…②张… Ⅲ.①C语言—程序设计—教材 Ⅳ.①TP312

中国版本图书馆 CIP 数据核字（2011）第 206004 号

责任编辑：张颖兵 程 欣/责任校对：梅 莹
责任印制：彭 超/封面设计：苏 波

科 学 出 版 社 出版

北京东黄城根北街 16 号
邮政编码：100717
http://www.sciencep.com

武汉市新华印刷有限责任公司印刷
科学出版社发行 各地新华书店经销

＊

2011 年 10 月第 一 版 开本：787×1092 1/16
2011 年 10 月第一次印刷 印张：14 3/4
印数：1—3 000 字数：338 000

定价：26.00 元
（如有印装质量问题，我社负责调换）

前　言

本书是《C 程序设计》的配套实践教材,两书各章内容相互对应并相互补充。本书从预习、学习、复习、练习、上机、调试和应试各个教学环节为学生提供案例和学习参考内容,从而训练学生计算思维能力、分析能力和编程能力。

本书通过大量的教学案例,为学生提供较为全面的程序设计思想、程序分析方法和解题方法,提供分析和解决问题的基本过程和思路,着重介绍以内存分析为主的图解法。全书的各个章节都可以使用图解分析方法解析程序的存储与操作过程,将源程序中的每条语句解析为对内存数据的操作。

C 语言的练习题目浩如烟海,全国计算机等级考试 C 语言试题、各种考试的C语言试题在网上数不胜数,本书将考点进行归类总结,采用经典案例对试题进行分类指导,让学生学会方法,举一反三、融会贯通,品味解题、编程的乐趣。

本书配置了大量运行在 Visual C++环境下的例题,以集成开发环境 Visual C++ 6.0 为开发工具,介绍了 Visual C++的编辑、编译、运行、排错、调试等使用方法,帮助学生熟悉 C 语言编译器,快速掌握编辑、编译、运行 C 程序的方法,学会使用集成开发环境开发简单应用软件。

全书分为 10 章,分别为 C 语言概述指导与实训、数据类型与表达式指导与实训、顺序结构程序设计指导与实训、选择结构程序设计指导与实训、循环结构程序设计指导与实训、数组指导与实训、函数指导与实训、指针指导与实训、结构体与共用体指导与实训及文件指导与实训。

本书由长期工作在教学一线的教师编写,全书各知识单元编排与教材相同,相互配合、内容互补、结构合理而严谨、案例丰富、分门别类,具有知识性与趣味性。与《C 程序设计》配套,可作为各类高等院校本、专科非计算机专业的"C 语言程序设计"课程教材,也可以作为独立学院、高职高专、网络学院的教材,对于社会计算机学习者,尤其是具有一定计算机基础的广大计算机爱好者,是一本极好的自学读物。

本书由李振立、张慧萍主编,张胜利、楚维善、高金兰、郭盛刚、顾梦霞、陈小娟、贺红艳、吴佩、罗宏芳、周雪芹、王世畅、李珺参与了编写。另外,在本书的策划、编写、出版过程中,王学文给予了大力支持,在此深表谢意。

作　者
2011 年 8 月

目　　录

第1章 C语言概述指导与实训

1.1 教材的预习及学习指导

1.1.1 教材预习指导

本章主要介绍 C 语言的程序架构、程序逻辑顺序、程序风格和程序的组成元素及 C 语言词法中的单词,简单介绍 C 语言常用的编译器如 VC++,Dev C++,TC 等。

本章分为 4 节,第 2 节 C 语言的程序架构是预习的重点。

第 1 节 C 语言的发展史,预习时只需浏览 C 语言的起源、C 语言的特点、C 语言的集成开发环境等内容。第 2 节从 C 语言程序的基本架构入手,了解 C 语言函数模块一般形式。通过读程序了解什么是编译预处理命令,什么是函数的定义,函数中声明部分用于声明变量或函数,C 语言中变量或函数必须要满足先定义后使用的规则,执行部分常用哪些语句。注意 C 语言程序中输入、处理和输出三者的逻辑顺序。学习 C 语言的书写风格。第 3 节 C 语言的单词,单词包括分隔符、注释符、关键字、标识符、常量、运算符等。预习的重点包括 C 语言基本字符集、关键字、标识符、常量与常量的类型、运算符的使用方法,掌握 C 语言的词法构成。第 4 节为 Dev C++集成开发环境,预习的重点是 Dev C++的使用方法,新建源文件,编辑源文件,编译和调试文件,运行文件。

1.1.2 教材学习指导

1. C 语言基本概念

◎ C 语言集高级语言和低级语言的优点于一身,适于作为系统描述语言,用于编写大型的操作系统,编写编译系统,编写应用软件。

◎ C 语言属于面向过程的程序设计语言,采用结构化、模块化的方法设计源程序。

◎ 面向过程的程序=算法+数据结构。

◎ ISO:国际标准化组织。

◎ ANSI:美国国家标准协会。

◎ GNU:是一个自由软件工程项目,由自由软件社团开发和维护。

◎ "K & R"是以名著《The C Programming Language》的作者命名的早期 C 语言的事实标准,称为经典 C 语言。

◎ C 语言的美国国家标准(ANSI C)是 1983 年美国国家标准协会(ANSI)对 C 语言进行扩充和规范制定的标准。

◎ C89 是指 1989 年 ISO/IEC 提出的国际标准草案,1990 年公布的 C 语言正式标准称为 C89,有时也称为 C90。

◎ C99 是指 1999 年 12 月 16 日 ISO/IEC 推出的 C 语言标准:ISO/IEC 9899:1999 (Programming languages-C)称为 C99。

◎ C 语言具有语言简洁、紧凑,使用灵活、方便,运算符丰富,表达能力强,数据结构丰富,结构化程度高,生成目标代码质量高,程序执行效率高,可移植性好诸多特点。

◎ C 语言集成开发环境 IDE 都是由编辑器、编译器、连接器集合而成,常用的 C 与 C++集成开发环境有 Borland 公司的 Turbo C,Borland C++,C++Builder;微软的 Microsoft C,Visual C++,Visual studio. NET;多平台的 C++集成开发环境有 GCC, MinGW,QT,eclipse+CDT 等软件。

◎ C 程序的基本架构由编译预处理命令、参数说明、函数说明、主函数、函数等成分组成。其中主函数由函数头部、函数体组成。函数头部包括函数类型、函数名、参数说明,函数体由声明部分、语句部分等成分组成。

◎ 编译预处理命令有文件包含、宏定义和条件编译三类命令。

◎ C 语言是函数型语言,主程序和程序模块都是函数。

◎ 函数定义的参数为虚参,函数调用的参数为实参,参数按位置虚实对应进行传递。

◎ 变量、函数应该满足先定义后调用的规则。如果主函数在前,函数的定义在后,需要用函数原型说明函数,并说明函数的类型、参数类型和个数。

◎ C 语句用分号";"作结束符,编译预处理命令结束没有分号";"。

◎ 注释分为块注释和行注释,块注释用一对符号"/* */"作程序中注释的定界符, 表示"/*"和"*/"之间的内容是注释;用"//"引导行注释。

◎ C 程序的逻辑顺序依次按数据声明、数据输入、数据处理、数据输出的次序排列的。

◎ 局部说明定义变量和函数,确定数据的类型和取值范围。数据输入包括函数参数传递的数据,变量初始化时输入的数据,输入函数和赋值语句输入的数据等。数据处理是根据解题的算法编制的程序,数据输出是用输出函数输出指定的数据。

◎ C 语言的风格指 C 程序的风范格局,是程序员对程序书写形式一贯性的体现。

◎ C 语言符号体系的基础是基本字符集,基本字符集是编写源程序时准用字符的集合,C 语言编译程序能够识别集合中的字符。准用字符包括大写字母、小写字母、数字、空白符、图形符号等。转义符号是由"\"开头,后跟指定的字符表示转换成另外意义的符号。

◎ 单词是基本字符集中的若干字符组合成一个具有独立意义的最小词法单位,是一组形式化的数据符号。单词包括分隔符、注释符、关键字、标识符、常量、运算符 6 类。

◎ 词法分析负责从构成源程序的基本字符集中识别和分离出单词,为语法分析提供单词类别和单词自身值的信息。词法分析对源程序进行行编辑,删除源程序中的注释、空白符以及对语法分析无关的信息。区别单词是关键字还是标识符,为语法分析作准备。

◎ 分隔符是用来分隔程序的正文、语句或单词,用来表示某个程序实体的结束和另一个程序实体的开始。C 分隔符由空白符和标点符号组成。

◎ 空白符包括空格符、水平制表符(HT)、垂直制表符(VT)、回车符(CR)、换行符 (LF)、换页符(FF)等,空白符用于语句行之间的分割。

◎ 常用的标点符号包括逗号、分号、冒号、花括号{}等。

◎ 关键字是由编译程序预定义具有固定含义的单词,关键字有特定含义的专门用途,用户不能用关键字作为常量、变量、类型或函数的名字。

◎ 标识符是定义符号常量、标号、变量、类型、函数、对象的定义符。

◎ 标识符的命名规则是以英文字母或下划线开头的英文大小字母、数字和下划线符组成的序列,标识符中的字母区分大小写,标识符的长度为 1～31 个字节,C99 标准规定标识符的长度为 63 字节。标识符的中间不能有分割符,不能使用 C 的关键字作为标识符。

◎ 常量指在程序运行和处理的过程中其值始终不能被改变的量。

◎ 常量的基本类型包括整型常量、字符型常量、字符串常量、浮点型常量 4 种基本类型。

◎ 整型常量是由字符和数字组成的序列,用以表示整数包括正整数、负整数和零。

◎ C 语言整型常量包括十进制、八进制和十六进制三种数制表示方法。

◎ 整型常数的后缀表示有 L(或 l)作后缀表示长整数,U(或 u)作后缀表示无符数。整型常量后缀可以是 U 和 L(u 或 l)的组合,表示 unsigned long 类型的常量。

◎ 浮点型常量指带有小数的十进制数。

◎ 浮点型常量有两种表示形式:一种是带小数的十进制表示形式它由整数部分和小数点后的尾数部分组成;另一种方法是指数形式,由带小数的十进制数后加 e(E)及整数的指数部分表示,e(E)指数部分表示 10 的整数次方,如 1.234e2 表示 1.234×10^2。

◎ 浮点型常量分为单精度(float)、双精度(double)和长双精度(long double)三类。浮点型常量在默认情况下为 double 型,若要表示 float 型常量,则在实数后加 f(F);表示 long double 则在实数后加 l(L)。

◎ C 字符常量是用单引号括起来的一个基本字符。

◎ 字符常量有两种表示形式:一种是准用字符表示形式,用单引号括起准用字符,如'a';另一种是转义符号表示形式,用单引号括起转义符号,如'\n'、'\t'、'\b'等。

◎ 字符串常量用一对双括号括起来的字符序列。例如," Hello! "、"a"等。字符序列中的字符包括空格符、准用字符、转义字符和扩展的 ASCII 码字符等。

◎ 符号常量按照先定义后使用的原则,先用"♯define 标识符 字符串"进行宏定义,然后在程序中使用符号常量。例如"♯define PI 3.1415926"。

◎ C 语言运算符分为单目运算符、双目运算符、三目运算符。单目运算符指只对一个操作数进行操作的运算符;双目运算符是对两个操作数进行操作的运算符;三目运算符是对三个操作数进行操作的运算符,需要操作数最多的运算符是三目运算符即条件运算符,条件运算符格式为"表达式1? 表达式2:表达式3"。

◎ 运算符分为十六种优先级和两类结合性,优先级指运算符的优先次序,结合性指当一个运算量两边的运算符级别相同时指定的结合方向。

2. C 语言语法与词法

(1) C 语言的函数模块一般形式如表 1.1.1 所示。

表 1.1.1　C 语言函数模块

函数模块格式	源程序	函数模板

编译预处理命令
函数类型 函数名(函数形式参数)
{
　　声明语句
　　执行语句
}
	#include<stdio.h>
	main()
	{
	　　int iA=6,iB=8,iC;
	　　iC=iA+iB;
	　　printf("iC=%d\n",iC);
	}
		#include<stdio.h>
		main()
		{
		
		}

函数类型 函数名(参数表列)
{
　　局部变量声明
　　语句执行
　　[return 语句]
}
	int iMax(int iX,int iY)
	{
	int iZ;
	if(iX>iY)iZ=iX;
	else iZ=iY;
	return(iZ);
	}
		int iMax(int iX,int iY)
		{
		
		return(　　);
		}

主函数模板由编译预处理命令、主函数头部、函数体开始与函数体结束等部分组成。

（2）编译预处理命令格式，见表 1.1.2。

表 1.1.2　编译预处理命令

命令格式	命令实例	功能
#include <filename.h>	例：#include <stdio.h>	从标准库目录开始搜索
#include "filename.h"	例：#include "stdlib.h"	从用户工作目录开始搜索
#define 标识符 字符串	例：#define PI 3.1415926	宏定义，定义符号常量 PI

（3）常用程序语句，见表 1.1.3。

表 1.1.3　常用程序语句

命令类型	语句格式	语句
输入	scanf("输入格式",输入项地址表列);	scanf("%d,%d",&iA,&iB);
赋值	变量=表达式;	iC=iA+iB;
输出	printf("输出格式",输出表列);	printf("iC=%d\n",iC);

（4）C 语言基本字符集，见表 1.1.4。

表 1.1.4　基本字符集

类型	基本字符
大写字母	A B C D E F G H I J ……X Y Z
小写字母	a b c d e f g h i j ……x y z
数字	0 1 2 3 4 5 6 7 8 9
空白符	空格符、水平制表符(HT)、垂直制表符(VT)、回车符(CR)、换行符(LF)、换页符(FF)

续表

类型	基本字符
转义符号	\n 换行(LF) \t 水平制表(HT) \a 响铃(BEL) \b 退格(BS) \f 换页(FF) \r 回车(CR) \v 垂直制表(VT) \\反斜杠 \'单引号 \"双引号 \? 问号 \0 空字符(NULL) \ddd 三位八进制数 \xhh 二位十六进制数
图形符号	～! ♯ % & ? ｜ · * = + − _ / \ " ' ( ) [ ] {} < > ,. :;?

（5）分隔符。

表 1.1.5　分隔符

类型	字符
空白符	空格符、水平制表符(HT)、垂直制表符(VT)、回车符(CR)、换行符(LF)、换页符(FF)
标点符号	逗号、分号、冒号、花括号{}

（6）注释符。

表 1.1.6　注释符

注释名	符号	举例	说明
块注释	/*……*/	/*注释内容*/	所有 C 标准
行注释	//……	//注释内容直到行尾	C99 标准

（7）关键字。

表 1.1.7　关键字

关键字类型	保留字
C 关键字(基本集)32 个	auto break case char const continue default do double else enum extern float for goto if int long register return static short signed sizeof struct switch typedef unsigned union void volatile while
Turbo C 扩展 7 个关键字	asm cdecl far huge interrupt near pascal
C99 新增 5 个关键字	restrict inline _Complex _Imaginary _Bool

（8）标识符。

表 1.1.8　标识符

对象	定义格式	定义举例	标识符
符号常量	♯define 标识符 字符串	♯define PI 3.1415926	PI
标号	标号名:	Lable:	Lable
类型	类型名	char,int,float,double	int
变量与数组	类型名　变量名表	int iK,iA[3]={1,2,3}	iK,iA
函数	［类型说明符］函数名(［形参表］)	int iMax(int iA,int iB)	iMax

（9）常量。

表 1.1.9　常量

对象	常量格式	常量举例	后缀
整型常量	ddd,0ddd,0xdd	−123,0384,0x4A	73L 长整型,65U 无符号数
字符型常量	'基本字符','转义符'	'A','b','\n','\t'	
字符串常量	"字符序列"	"Hello! "	
浮点型常量	±ddd.dd,±ddd.dde±dd	−123.45,1.2e4	−3.8f 单精度,6.9L 长双精度

（10）运算符。

表 1.1.10　运算符

名称	运算符	举例	优先级	结合性
小括号	()	(a+b) * c		左到右
数组下标	[ ]	array[4]		左到右
函数调用	函数名()	func(a,b)		左到右
成员运算符	.(结构或联合成员)	Stu. num	1	左到右
指向运算符	−>(结构或联合成员)	Stu−>num		左到右
自增(后缀)	(变量)++	a++		左到右
自减(后缀)	(变量)−−	b−−		左到右
自增(前缀)	++(变量)	++a		右到左
自减(前缀)	−−(变量)	−−b		右到左
取地址	& 变量	&a		右到左
取内容	* 指针	* p		右到左
一元正号	+	+5	2	右到左
一元负号	−	−8		右到左
按位求反	~	~a		右到左
逻辑非	!	! a		右到左
计算所需空间	sizeof	sizeof(a)		右到左
强制类型转换	(类型)	(float)a	3	右到左
乘、除、整除、求余	* ,/,/,%	a * b,a/2.0,a/b,a%b	4	左到右
加、减	+,−	a+b,a−b	5	左到右
位左移、位右移	≪,≫	a≪2,a≪4	6	左到右
关系	<,<=,>,>=	b<3,b<=4,b<2,b>=4	7	左到右
等于、不等于	==,! =	a==4,a! =4	8	左到右
按位与	&	a&b	9	左到右
按位异或	^	a^b	10	左到右
按位或	|	a|b	11	左到右
逻辑与	&&	a&&b	12	左到右
逻辑或	||	a||b	13	左到右
条件(三目运算符)	?:	a>b? a:b	14	右到左
赋值	=,+ =,− =, * =,/=,% =,& =,| =,^=,~=,<<=,>>=	a=b+3	15	右到左
逗号	,	a=8,b=3	16	左到右

1.2　分 析 方 法

1.2.1　案例分析

1. 分析转义字符

例 1.2.1　字符串中包含转义字符,分析简单 C 语言源程序的输出结果。(程序名 sy1_1.c)

```
#include <stdio.h>                      //包含标准输入输出头文件;
main()                                   //经典 C 的主函数头部;
{                                        //函数体开始;
    printf("He\154\x6Co!\tok!\n");       //调用标准输出函数;
}                                        //函数体结束。
```

分析:在输出的字符串中,\154 是八进制数表示字符"l",\x6C 是十六进制数也表示字符"l",转义字符\t 表示过一个制表位,源程序编译、运行后,输出结果为

```
Hello!      ok!
```

2. 用赋值语句计算和处理数据

例 1.2.2　已知电路参数 L=2.0 和 C=1.0,求谐振频率 f0。(程序名 sy1_2.c)

```
#include <stdio.h>                      //包含标准输入输出头文件;
#include <math.h>                        //包含数学头文件
main()                                   //经典 C 的主函数头部;
{                                        //函数体开始;
  double L=2.0,C=1.0,f0;                //输入 L,C 的值;
  f0=1/(2*3.1415926*sqrt(L*C));         //用赋值语句计算谐振频率 f0;
  printf("f0=%f",f0);                    //调用标准输出函数 printf 输出;
}                                        //函数体结束。
```

分析:编译预处理命令和语句的功能如程序右边所示,程序由输入数据 L,C,计算谐振频率 f0,输出谐振频率 f0 的值。

3. 用宏定义设置符号常量

例 1.2.3　程序如下,试分析宏代换的方法,并写出程序运行后的结果。(程序名 sy1_3.c)

```
#define N 6
#define M 2
main()
{
    int iS;
    iS=N/M;
```

```
    printf("%d",iS);
}
```

分析：宏定义命令定义符号常量 N 为 6，M 为 2，在编译处理时对源程序中所有的符号常量 N，M 进行宏代换，代换后 iS＝6/2 运行程序时计算 iS 的值。

4. 输入数据的提示

例 1.2.4 已知直角三角形的斜边长为 10，一直角边长为 8，求另一直角边之长。（程序名 syl_4.c）

```
#include <stdio.h>          //包含标准输入输出头文件；
#include <math.h>           //包含数学头文件
main()                      //经典 C 的主函数头部；
{                           //函数体开始；
  double s,a,b;             //声明双精度变量 s,a,b；
  printf("Input s,a");      //在屏幕上显示待输入的变量 s,a
  scanf("%d,%d",s,a);       //输入 s,a 的值 10.0,8.0；
  b=sqrt(c*c-a*a);          //用赋值语句计算另一直角边；
  printf("b=%f",b);         //调用标准输出函数 printf 输出数据；
}                           //函数体结束。
```

分析：程序编译、运行时，执行到 scanf 语句时，编译器等候用户输入数据，如果没有提示信息，往往不知道应该输入什么数据，因此，在输入数据之前用 printf 提示用户输入数据是一个良好的习惯，方便用户输入数据。

1.2.2 编程方法

编程是从主函数模板开始编写的，根据主函数的定义，从简单到复杂，逐步增加编译命令和语句，形成不同功能的程序。

1. 编写输出字符和文字的程序

编写输出字符和文字的程序时，需要用标准输出函数 printf。因此，要包含标准输入输出头文件；主函数定义时，一般采用经典 C 的规范；然后，用标准输出函数 printf 输出字符和文字。

例 1.2.5 编写输出字符串"Turbo C"的源程序。

解 编写输出字符串"Turbo C"的源程序，只需要在主函数模板中加入 printf("Turbo C\n");语句，形成最简单的源程序。（程序名 syl_5.c）

```
#include <stdio.h>          //包含标准输入输出头文件,程序调用标准输出函数；
main()                      //经典 C 的主函数头部；
{                           //函数体开始；
    printf("Turbo C\n");    //调用标准输出函数；
}                           //函数体结束。
```

编译、运行程序输出结果如下:

Turbo C

2. 编写用赋值语句计算和处理数据的程序

编写用赋值语句计算和处理数据的程序时,要根据程序的逻辑顺序,在主函数的模板中先编写输入数据。可以在声明变量时为变量赋初值,也可以用标准输入函数输入指定的数据,还可以用宏定义指定符号常量的值,再写计算和处理数据的语句。然后,用标准输出函数 printf 输出数据。

例 1.2.6　已知物体的质量 m＝2,重力加速度 g＝9.8,编程求物体所受的重力 f。

解　根据重力公式,f＝m＊g,用三种方法输入数据。(程序名 syl_6_1.c,syl_6_2.c,syl_6_3.c)

声明变量时为变量赋初值	用标准函数输入数据	用宏定义输入数据

```#include <stdio.h>```
```main()```
```{```
　```double m=2,g=9.8,f;```
　```f=m*g;```
　```printf("f=%f\n",f);```
```}```
	```#include <stdio.h>```
	```main()```
	```{```
	　```double m,g,f;```
	　```scanf("%f,%f",&m,&g);```
	　```f=m*g;```
	　```printf("f=%f\n",f);```
	```}```
		```#include <stdio.h>```
		```#define m 2```
		```#define g 9.8```
		```main()```
		```{```
		　```double f;```
		　```f=m*g;```
		　```printf("f=%f\n",f);```
		```}```

f＝19.600000	f＝19.600000	f＝19.600000

3. 根据程序的逻辑顺序编程

例 1.2.7　将华氏温度 f 变换成摄氏温度 c,计算公式为 c＝5＊(f－32)/9,若华氏温度 f＝50 度,试编程求摄氏温度 c。

解　程序的逻辑顺序由变量声明、数据输入、数据处理和数据输出四条语句构成,先声明变量 c 和 f 为双精度型变量,调用标准输入函数 scanf 输入变量 f 的值 50.0,再用赋值语句计算摄氏温度 c 的值,然后调用标准输出函数 printf 输出 c 的数据。(程序名 syl_7.c)

```
#include <stdio.h>        //包含标准输入输出头文件;
main()                    //经典 C 的主函数头部;
{                         //函数体开始;
    double c,f;           //定义双精度变量 c,f;
    scanf("%d",&f);       //调用标准输入函数,输入变量 f 的值;
    c= 5*(f-32)/9;        //用赋值语句求 c 的值;
    printf("c=%f\n",c);   //调用标准输出函数,输出变量 c 的值;
}                         //函数体结束。
```

4. 用 9 区图形字符显示菜单文本

例 1.2.8　用 C 语言输出如图 1.2.1 所示的菜单文本,试编写程序。

图 1.2.1　菜单文本

解　菜单文本中包含 9 区图形字符字符可以使用软键盘中的按键绘制,操作方法如下:

首先打开中文输入方式的状态窗口,右击"软键盘"按钮,打开快捷菜单,选择"制表符",打开制表符键盘,在需要输入图形字符时输入字符。VC 中支持在字符串中显示中文,可以在字符串中直接输入中文文字,编制程序如下:(程序名 sy1_8.c)

```
#include <stdio.h>
main()
{
    printf("┌────────────────────┐\n");
    printf("│ ＊＊＊＊＊＊＊＊＊菜单命令＊＊＊＊＊＊＊＊＊ │\n");
    printf("├────────────────────┤\n");
    printf("│    1.输入数据      2.输出数据    │\n");
    printf("│    3.查找数据      4.修改数据    │\n");
    printf("│    5.插入数据      6.删除数据    │\n");
    printf("│    7.数据分析      8.数据排序    │\n");
    printf("│    9.添加数据      0.退出系统    │\n");
    printf("├────────────────────┤\n");
    printf("│    请输入数字 0-9,选择以上功能性  │\n");
    printf("└────────────────────┘\n");
}
```

1.3　习题与解答

1.3.1　练习题

1. 判断题(共 10 小题,每题 1 分,共 10 分)

(1) C 语言是在 B 语言的基础上发展起来的。　　　　　　　　　　(　　)

(2) C 语言集高级语言和低级语言的优点于一身,适用于作为系统描述语言。

　　　　　　　　　　(　　)

(3) 编译预处理命令"＃include ＜stdio.h＞"是从用户工作目录开始搜索。　　（　　）

(4) 编译预处理命令"＃define PI 3.1415926"定义变量 PI 为 3.1415926。　　（　　）

(5) 常量指在程序运行和处理的过程中其值始终不能被改变的量。　　　　　（　　）

(6) 转义符号由"\"开头,\t 表示水平制表。　　　　　　　　　　　　　　（　　）

(7) scanf 和 printf 是表达式语句不是函数调用语句。　　　　　　　　　　（　　）

(8) 浮点型常量可以用二进制、八进制和十六进制三种数制表示。　　　　　（　　）

(9) 赋值运算符"＝"的优先级别为 15 级,结合性为从右到左。　　　　　　（　　）

(10) include 和 define 都是关键字。　　　　　　　　　　　　　　　　　（　　）

2. 单选题(共 10 小题,每题 2 分,共 20 分)

(1) C 语言属于(　　　)的程序设计语言,采用结构化、模块化的方法设计源程序。

　　A. 面向过程　　　　B. 面向对象　　　　C. 面向应用　　　　D. 面向用户

(2) 下列选项中,不属于字符常量的选项为(　　　)。

　　A. '\x41'　　　　B. "a"　　　　　　C. 'b'　　　　　　D. '\101'

(3) C 语言是函数型语言,下列选项中不属于函数的选项是(　　　)。

　　A. 主程序　　　　B. 程序模块　　　　C. 宏定义　　　　　D. 标准输入输出

(4) C 语言集成开发环境 IDE 都是由编辑器、编译器、连接器集合而成,开源组织发布的编译器是(　　　)。

　　A. Turbo C　　　　B. VC++　　　　C. Borland C++　　D. GCC

(5) 在 C 语言中,定义符号常量的命令动词是(　　　)。

　　A. ＃define　　　　B. ＃include　　　C. ＃ifdef　　　　D. ＃ifndef

(6) 在输出的字符串中可以用转义符号表示控制字符,下面选项中能够删除前一个字符的转义符号是(　　　)。

　　A. \a　　　　　　B. \b　　　　　　C. \f　　　　　　D. \t

(7) 下列选项中,错误的标识为(　　　)。

　　A. _a1　　　　　　B. b2　　　　　　C. −c3　　　　　　D. d−4

(8) 浮点型常量能够使用的数制是(　　　)。

　　A. 二进制　　　　B. 八进制　　　　C. 十六进制　　　　D. 十进制

(9) 表示没有返回值的函数类型是(　　　)。

　　A. void　　　　　B. int　　　　　　C. float　　　　　　D. double

(10) 在 C 语言中,运算级别最低的运算符是(　　　)运算符。

　　A. 赋值　　　　　B. 逗号　　　　　C. 逻辑或　　　　　D. 条件

3. 填空题(共 10 小题,每题 2 分,共 20 分)

(1) 面向过程的程序＝(　　　　　)+(　　　　　　)。

(2) C 语言的块注释,使用(　　　)和(　　　)一对符号。

(3) 编译预处理命令有(　　　　　)、(　　　　　　)和条件编译三类命令。

(4) C 程序的逻辑顺序按数据声明、数据输入、(　　　　　)、(　　　　　　)的次序依次排列的。

（5）字符常量有两种表示形式，一种是用单引号括起的（　　　　　　　　），另一种是用单引号括起的（　　　　　　　　）。

（6）浮点型常量分为（　　　　　　　）度、（　　　　　　　）度和长双精度三类常量。

（7）分隔符是用来分隔程序的正文、语句或单词，C 分隔符由（　　　　　　　　）和（　　　　　　　　　　　）组成。

（8）常量的基本类型包括（　　　　　）常量、字符型常量、字符串常量、（　　　　　　　）4 种基本类型。

（9）C 语言整型常量包括十进制、（　　　　　　　）和（　　　　　　　）三种数制表示方法。

（10）宏定义"♯define 标识符 字符串"用于定义（　　　　　　　）和（　　　　　　　）。

4. 术语解释（共 10 小题，每题 1 分，共 10 分）

（1）IDE
　　　　　　　　　　　　（2）K&R

（3）ISO
　　　　　　　　　　　　（4）float

（5）char
　　　　　　　　　　　　（6）unsigned long

（7）VC
　　　　　　　　　　　　（8）CR

（9）ANSI
　　　　　　　　　　　　（10）GNU

5. 简答题（共 5 小题，每题 4 分，共 20 分）

（1）什么是基本字符集？

（2）词法分析负责哪些工作？

（3）简述标识符的命名规则。

（4）什么是字符串常量？字符串常量包括哪些字符？

（5）C 语言运算符分为哪几类？需要操作数最多的运算符是哪一类运算符？

6. 分析题（共 5 小题，每题 4 分，共 20 分）

（1）分析最简单 C 语言源程序的编译命令和语句功能。

```
#include <stdio.h>          //
main()                      //
{                           //
    printf("Compiler VC6.0\n");  //
}                           //
```

（2）输出字符串，形成简单表头，分析语句功能。

```
#include <stdio.h>          //
main()                      //
{                           //
    printf("****************\n");  //
```

```
    printf("* How do you do* \n");          //
    printf("****************\n");            //
}                                           //
```

（3）分析简单 C 语言源程序的输出结果。

```
#include <stdio.h>                          //
main()                                      //
{                                           //
    printf("ABC\bdef\nGH\tmn\n");            //
}                                           //
```

（4）程序如下，试分析宏代换的方法，并写出程序运行后的结果。

```
#define N 4+6
#define M 3+2
#define S N/M
main()
{
printf("%d",S);
}
```

（5）分析如下程序的逻辑顺序。

```
#include <stdio.h>                          //
main()                                      //
{                                           //
    int iA=14,iB=3,iC;                      //
    iC=iA%iB;                               //
printf("iC=%d\n",iC);                       //
}                                           //
```

1.3.2　习题答案

1. 判断题

(1) T　(2) T　(3) F　(4) F　(5) T　(6) T　(7) F　(8) F　(9) T　(10) F

2. 单选题

(1) A　(2) B　(3) C　(4) D　(5) A　(6) B　(7) C　(8) D　(9) A　(10) B

3. 填空题

(1) 算法、数据结构　　　　　　　　　(2) / ＊ 、＊ /

(3) 文件包含、宏定义　　　　　　　　(4) 数据处理、数据输出

(5) 准用字符、转义符号　　　　　　　(6) 单精、双精

(7) 空白符、标点符号　　　　　　　　(8) 整型、浮点型常量

(9) 八进制、十六进制　　　　　　　　(10) 符号常量、带参数的宏

4. 术语解释

(1) IDE：集成开发坏境

(2) K&R：经典 C 语言著作的作者,早期 C 语言的事实标准。

(3) ISO：国际标准化组织

(4) float：单精度数据类型

(5) char：字符型数据类型

(6) unsigned　long：无符号长整型数据类型

(7) VC：Visual C＋＋的简称

(8) CR：回车符用转义符‘\n’表示

(9) ANSI：美国国家标准协会

(10) GNU：是一个自由软件工程项目,由自由软件社团开发和维护。

5. 简答题

(1) 基本字符集是编写源程序时准用字符的集合,C 语言编译程序能够识别集合中的字符。准用字符包括大写字母、小写字母、数字、空白符、图形符号等。转义符号是由"\"开头,后跟指定的字符表示转换成另外意义的符号,如‘\n’。

(2) 词法分析负责从构成源程序的基本字符集中识别和分离出单词,为语法分析提供单词类别和单词自身值的信息。词法分析对源程序进行行编辑,删除源程序中的注释、空白符以及对语法分析无关的信息。区别单词是关键字还是标识符,为语法分析作准备。

(3) 标识符的命名规则是以英文字母或下划线开头的英文大小字母、数字和下划线符组成的序列,标识符中的字母区分大小写,标识符的长度为 1～31 个字节,C99 标准规定标识符的长度为 63 字节。标识符的中间不能有分割符,不能使用 C 的关键字作为标识符。

(4) 字符串常量用一对双括号括起来的字符序列。例如,"Hello!","a"等。字符串常量中包括空格符、准用字符、转义字符和扩展的 ASCII 码字符等。

(5) C 语言运算符分为单目运算符、双目运算符、三目运算符。单目运算符指只对一个操作数进行操作的运算符;双目运算符是对两个操作数进行操作的运算符;三目运算符是对三个操作数进行操作的运算符,需要操作数最多的运算符是三目运算符即条件运算

符,条件运算符格式为"表达式 1? 表达式 2:表达式 3"。

6. 分析题

（1）将编译命令和语句功能用注释的方式写在每行的右边。

```
#include <stdioh>          //包含标准输入/输出头文件;
main                       //主函数;
{                          //函数体开始;
    printfc "compiler v(6.0\n);  //标准输出函数;
}                          //函数体结束。
```

（2）编译、运行程序输出结果如下：

```
* * * * * * * * * * * * * * * *
* How do you do *
* * * * * * * * * * * * * * * *
```

（3）编译、运行程序输出结果如下：

```
ABdef
GH mn
```

（4）根据宏定义,N 定义为 4+6,不是 10,M 定义为 3+2,不是 5,执行程序时进行宏代换,S 代换为 N/M,代换为 4+6/3+2,输出的结果为 S=8。不能代换为 10/5=2。宏代换只是字符的替换,没有计算功能,编译预处理时代换,程序执行时才进行计算。

（5）编译、运行该程序,在输出窗口中显示 iC=2。

程序的逻辑顺序由数据输入、数据处理和数据输出三条语句构成,先用变量初始化输入数据,再用赋值语句处理数据,然后调用标准输出函数 printf 输出数据,程序层次分明、逻辑正确、内容简单、功能完整。在处理数据的赋值语句中,右边表达式使用的运算符可以依次替换运算符表中的双目运算符,得到不同的运算结果,例如将 iA 整除 iB 的值赋 iC 的语句为 iC=iA/iB。

1.4　C 语言基本操作实验

1.4.1　集成开发环境 VC++

集成开发环境 Visual C++6.0 是 Visual Studio 98(Visual Studio 6)家族的一个成员,是早期最流行的软件开发工具之一,全国计算机等级考试二级 C 语言程序设计指定为上机考试的考试环境,也是本教材推荐的主要实验开发环境。

1. Visual C++的基本组成

Visual C++(以下简称 VC)是 Microsoft Developer Studio 的组件之一,是集成编辑器、编译器、连接器、调试器等功能的集成开发环境(IDE),VC 采用典型的 Windows 图形用户界面，界面友好、操作方便，是最适合于初学者的集成开发环境。

　　安装 Visual C＋＋完成后，单击 windows 任务栏的"开始"按钮，选择"程序"中"Microsoft Visual Studio 6"组中的"Microsoft Visual C＋＋6.0"，启动 Visual C＋＋系统，出现如图 1.4.1a 所示的用户界面：

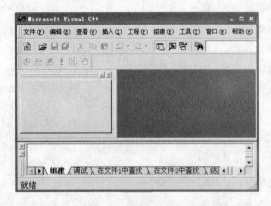

图 1.4.1a　Visual C＋＋的用户界面　　　　　　图 1.4.1b　新建文件对话框

　　VC 用户界面包括标题栏、菜单栏、工具栏、工作空间、输出窗口、状态栏等图形对象，工作空间的左端是工程工作区，右端是主工作区，通过设置工作空间的工作方式，可以显示或隐藏工程工作区。输出窗口包括组建、调试、在文件 1 中查找、在文件 2 中查找、结果、SQL 调试等选项卡，显示组建、调试等操作时的输出信息。在程序调试时，Visual C＋＋还会提供各种窗口，包括观察窗口、变量窗口、寄存器窗口、存储器窗口、调试堆栈窗口和反汇编窗口。

　　(1) 标题栏：包括"控制菜单"按钮、窗口标题、"最小化"按钮、"最大化"按钮或"还原"按钮、"关闭"按钮。当文档窗口最大化时，显示应用程序标题和文档标题合并窗口标题。

　　(2) 菜单栏：包括文件、编辑、查看、插入、工程、组建、工具、窗口、帮助等菜单项。

　　(3) 工具栏：包括标准、组建、编译微型条、ATL、资源、编辑、调试、浏览、数据库、Source Control、向导条等可装、拆工具条。标准工具条和编译微型条如图 1.4.2 所示。

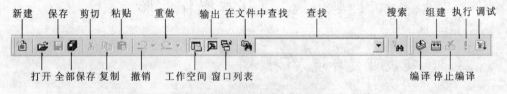

图 1.4.2　标准工具条与编译微型条

　　(4) 工作区：包括工作空间和文档工作区，文档工作区内可以打开多个文档窗口。

　　(5) 输出窗口：显示编译、调试等信息的窗口，用选项卡切换。

　　(6) 状态行：显示当前工作状态信息，光标所在的行与列。

2. Visual C＋＋的文件操作

Visual C＋＋编辑的文件分成 4 类，用选项卡分类放置，包括文件、工程、工作区、其他文件 4 类。其中,文件选项卡中包括 ASP 文件、二进制文件、C/C++头文件、C++源文件、网页文件、宏文件、SQL 脚本文件、光标文件、图标文件、位图文件、文本文件、资源脚本、资源模板等。其他文件选项卡中包括 Excel 工作表、Excel 图表、PowerPoint 演示文稿、Word 文档、Snapshot 快照文件等。

Visual C++的文件操作包括新建、打开、关闭、打开工作空间、保存工作空间、关闭工作空间、保存、另存为、保存全部、页面设置、打印、最近文件、最近工作空间、退出等命令。用 VC 编译 C 源程序,涉及的文件相对要少很多,主要包括二进制文件、C/C++头文件、C++源文件等。在做文件操作之前在 E 盘建立 VC 文件夹,用于存放 C 源程序。

1) 新建 C 源文件

新建 C 源文件的操作步骤如下。

"文件"→"新建"→打开"新建"对话框,如图 1.4.1b 所示,选择"新建"对话框中"文件"选项卡,选中"C++Source File"项,在右边的"位置"编辑框,设置 E 盘 VC 文件夹为工作文件夹,"文件名:EX1-1.C"。

注意:文件名的后缀.C 一定不能缺少,否则建立的是 C++文件。单击"确定"按钮。VC 在主工作区打开文本编辑窗口,如图 1.4.3a 所示。

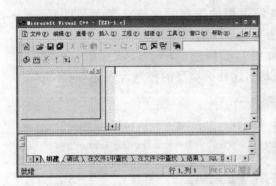

图 1.4.3a　VC 的文本编辑窗口　　　　　图 1.4.3b　输入源程序

在 VC 文本编辑窗口输入如下源程序:

```
#include <stdio.h>
main()
{
    printf("Welcome to C world! \n");
}
```

如果输入过程中发生录入错误,可以移动光标键,定位错误的位置,用删除键删除错误的字符,插入正确的字符,修改程序。编辑完成后,选择"文件"菜单的"保存"命令,或单击"保存"按钮,保存源程序。

2) 关闭文档编辑窗口

修改源文件后,执行以下命令关闭文档编辑窗口:

"文件"→"关闭"→打开 VC 信息框,若保存已作的改变,单击"是"按钮,关闭文档窗口。若不保存已作的改变,单击"否"按钮,关闭文档窗口。若不关闭窗口继续编辑,单击

"取消"按钮，

重新打开源文件可以直接双击工作空间的主函数 main，打开文档编辑窗口。

3）关闭工作空间

"文件"→"关闭工作空间"→打开"确定要关闭所有文档窗口吗？"信息框→"是"→关闭工作空间和所有的文档窗口。

4）打开源文件

打开源文件 ex1_1.c 的操作为

"文件"→"打开"→打开"打开"对话框→"查找范围:E:\VC"→"文件名:ex1_1.c"→"文件类型:C++Source File(.c;,cpp;)"→"打开"，打开 ex1_1.c 文档编辑窗口。

5）打开工作区文件

打开工作区文件 ex1_1.dsw 的操作为

"文件"→"打开工作空间"→打开"打开工作区"对话框→"查找范围:E:\VC"→"文件名:ex1_1.dsw"→"文件类型:工作区(.dsw;,mdp)"→"打开"，打开工作空间并打开 ex1_1.c 文档编辑窗口。

6）先建工程后建文件

C语言的工程属于控制台应用程序，选择工程的类型时应该选择 Win32 Console Application。先建空工程，后建文件的操作为

"文件"→"新建"→打开"新建"对话框（如图 1.4.4a 所示）→"工程"选项卡→"Win32 Console Application"→"确定"→打开"你想要创建什么类型的控制台程序"向导页如图 1.4.4b 所示→选择"一个空工程"单选按钮→"完成"。

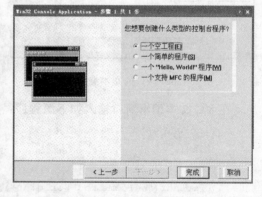

图 1.4.4a　新建对话框　　　　　　　　　图 1.4.4b　向导页

3. Visual C++ 的编译与执行

1）编译当前源文件

"组建"→"编译"，编译器编译当前源文件，并在输出窗口显示错误信息，修改程序中的错误，直到完全正确为止。

2）组建当前源文件

"组建"→"组建"，编译器编译当前源文件，并在输出窗口显示错误信息，修改程序中

的错误,直到完全正确为止。

3) 执行当前源文件

"组建"→"执行",VC 执行 ex1_1.exe 文件,输出程序结果。

4) 停止编译的处理方法

当程序死循环时,系统自动停止编译,显示红色的"×",此时不能关闭程序窗口,可以用任务管理器强制关闭 VC,重新启动 VC 后修改程序的错误,再编译。

4. 常用功能键及其意义

操作类型	功能键	对应菜单	含义
文件操作	Ctrl+N	File|New	创建新的文件、项目等
	Ctrl+O	File|Open	打开项目、文件等
	Ctrl+S	File|Save	保存当前文件
编辑操作	Ctrl+X	Edit|Cut	剪切
	Ctrl+C	Edit|Copy	复制
	Ctrl+V	Edit|Paste	粘贴
	Ctrl+Z	Edit|Undo	撤销上一个操作
	Ctrl+Y	Edit|Redo	重复上一个操作
	Ctrl+A	Edit|Select All	全选
	Del	Edit|Del	删除光标后面的一个字符
建立程序操作	Ctrl+F7	Build|Compiler current file	编译当前源文件
	Ctrl+F5	Build|Run exe	运行当前项目
	F7	Build|Build exe	建立可执行程序
	F5	Build|Start Debugging	启动调试程序
调试	F5	Debug|Go	继续运行
	F11	Debug|Step into	进入函数体内部
	shift+F11	Debug|Step out	从函数体内部运行出来
	F10	Debug|Step over	执行一行语句
	F9		设置/清除断点
	Ctrl+F10	Debug|Run to cursor	运行到光标所在位置
	shift+F9	Debug|QuickWatch	快速查看变量或表达式的值
	Shift+F5	Debug|Stop debugging	停止调试

1.4.2　实验报告

_____大学_____学院实验报告

课程名称:C 语言程序设计　　　实验内容:VC++集成开发环境　　　指导教师:

系部:　　　　　　　　　　专业班级:

姓名:　　　　　　　　　　学号:　　　　　　　　　　成绩:

一、实验目的

1. 掌握 VC++集成开发环境的安装与设置。
2. 掌握 VC++集成开发环境的使用方法。
3. 运行简单的 C 程序,掌握简单语句的使用方法。
4. 了解 VC++的单步执行、跟踪、执行到光标处等调试方法。

二、预习作业

1. 程序填空题:调试程序并写出输出结果(共 4 小题,每题 5 分,共 20 分)

(1) 编译预处理命令填空:

```
(          ) <stdio.h>
main()
{
    printf("GNU GCC\n");
}
```

(2) 编译预处理命令填空:

```
#include <stdio.h>
(       ) N 4
main()
{   int a=2,b;
    b=N*a;
printf("b=%d\n",b);
}
```

(3) 主函数定义填空:

```
(#include)<stdio.h>
(        )
{
    printf("MinGW——Minimalist GNU for Windows\n");
}
```

(4) 输出函数填空:

```
#include <stdio.h>
main()
{
    (     )("GNU/Linux\n");
}
```

2. 改错题:(共 4 小题,每题 5 分,共 20 分)

(1) 修改程序中输入/输出的错误

```
#include <stdio.h>
main()
{   int a,b,c;
/**********Found***********/
    scanf("%d,%d",a,b);
```

```
    c=a+b;
  printf("c=%d\n,&c);
  }
```

（2）修改程序中标识符的错误

```
#include <stdio.h>
/**********Found***********/
mian[]
{  int a=8,b=3,c;
    c=a/b;
  print("c=%d\n,c);
  }
```

（3）修改程序中错误的分隔符

```
#include <stdio.h>
main()
/**********Found***********/
{  int a=8;b=3;c;
    c=a-b:b=4;
  printf('c=%d'\n,c);
  }
```

（4）修改编译预处理中的错误

```
/**********Found***********/
#define"stdio.h"
#include PI 3.1415926
main()
{  int r=4,s;
    s=PI*r*r;
  printf("%d\n",s));
  }
```

3．读程序写结果（共 2 小题，每题 10 分，共 20 分）

（1）求带参数的宏代换

```
#include <stdio.h>
#define S(x) 4*x*x
main()
{  int a=1,b=2;
  printf("%d\n",S(a+b));
  }
```

输出结果为

　　（　　　　）

（2）求带参数的宏代换

```
#include <stdio.h>
#define S(x) 4*(x)*(x)
main()
```

```
{  int a=1,b=2;
printf("%d\n",S(a+b));
}
```

输出结果为

(　　　　)

4. 改写程序与替换练习(共 2 小题,每题 10 分,共 20 分)

(1) 用 printf 函数输出字符串,已知字符串用转义字符表示的程序如下,试用其他方法编辑输出相同结果的程序。

```
#include <stdio.h>
main()
{
    printf("\x6D\171\t\163\x74\157\x72\171!\n");
}
```

(2) 用 scanf 函数输入数据的程序如下,试用赋初值的方法输入数据,改写如下程序。

```
#include <stdio.h>
main()
{  double a,b,c;
   scanf("%d,%d",&a,&b);
   c=sqrt(a*a+b*b);
printf("%f\n",c);
}
```

5. 编程题(共 2 小题,每题 10 分,共 20 分)

(1) 试编写输出如下字符的程序。

```
---------------------
|        C Program       |
---------------------
```

(2) 已知半径为 4,用赋值语句计算球的表面积($4 * PI * r * r$)。

三、调试过程

(1) 安装好 VC++程序,分别调试验证预习作业的正确性。

(2) 在调试记录中详细记录调试过程,记录下出现的错误,提示信息,解决错误的方法,目前还没有解决的问题。

(3) 调试过程中人为设置错误,查看提示信息的内容。如主函数写错为 mian;去掉函数体开始的"{",写错变量类型等错误,记下错误的提示信息。

(4) 记录每个程序的运行结果,思索一下是否有其他的解题方法。

(5) 分析编程题的设计思想,分析源文件调试中的错误。

四、分析与总结

(1) 分析实验结果,判断结果的合理性及产生的原因。

(2) 总结实验所验证的知识点。

(3) 写出实验后的学习体会。

第2章 数据类型与表达式指导与实训

2.1 教材的预习及学习指导

2.1.1 教材预习指导

第2章主要介绍C语言的数据类型、变量与变量的存储、表达式与表达式语句,C语言的语法,简单介绍C语言处理数据的方法。

C语言中提供了丰富的数据类型,每一种数据类型都规定了其占有的字节数及取值范围。C语言的表达式是用运算符、小括号按一定的规则将运算量连接起来,能得到运算结果的式子,可将表达式简单地理解为计算的公式。

本章分为4节。第1节介绍C语言的数据类型,预习时要注意数据与数据类型,特别是基本数据类型的表示方法,数据长度与取值范围。第2节变量与变量的存储是本书的难点,因此也是预习的重点。注意定义变量时分配给每个变量的存储空间,变量的初始化,为变量赋初值,变量存储的规范,存储码与数值之间的关系。要了解有符号和无符号整型变量的差别、了解输入数据、存储数据和输出数据之间的差别、C语言中变量必须要满足先定义后使用的规则,定义变量为变量分配指定大小的存储单元,保证数据使用的正确性。第4节介绍表达式与表达式语句,预习的重点是运算符的优先级别和结合方式,分析表达式中各种运算符的优先次序、运算步骤、数据类型的转换、确定表达式的类型、计算出表达式的值。表达式的运算可以分为算术运算、关系运算、逻辑运算、位运算、赋值运算和其他运算等。

2.1.2 教材学习指导

1. C语言基本概念

◎ C语言对每一种数据类型规定其占用的字节数及取值范围,数据类型和占用的字节数两者构成不可分割的整体。

◎ 数据从实体的基本特性中抽象出来,是实体属性的符号表示,数据能被计算机表示、处理、存储、传输和显示。C语言用数据类型和数据值两个要素表示确定对象的数据。

◎ C语言的基本数据类型有字符型、整型、浮点型三种。字符型、整型、浮点型的数据类型由系统定义,其中整型和浮点型是数值型数据。

◎ 字符型指文字形式的数据类型,字符型的数据对象是字符和字符串。在 VC 中,字符型分为有符号字符型和无符号字符型两类,取数据 ASCII 码值作为数值参加运算。

◎ 整型是指不带小数的整数类型,整型按是否带符号分为有符号整型(signed)和无符号整型(unsigned)两类。整型的数据对象是整数,整数可以表示成带符号整数和无符号整数,存储有符号整数的存储单元最高位作为符号位,其他位是数据位;存储无符号整数的存储单元全部都是数据位。

◎ 整型按占用存储空间的不同分为短整型(short int)、整型(int)、长整型(long int)三种,C99 标准增加了长长整型(long long int)和无符号长长整型(unsigned long long int),长长整型能够支持的整数长度为 64 位。

◎ 浮点型指带小数的实数类型,浮点型的数据对象是实数中的有理数,采用不同的精度等级近似表示研究的有理数对象,获得更准确的计算效果。浮点型分为单精度、双精度、长双精度三种。

◎ 变量指在程序运行的过程中其值可以变化的量。C 语言中变量的存在方式为存储器中由程序员命名并指定数据类型的内存单元。

◎ 每一个变量由变量名和数据类型来确定。变量名表示各运行时刻内存单元的地址,数据类型表示该内存单元的长度和存储方法。

◎ C 语言规定,程序中的变量必须做到"先定义,后使用"。定义变量时,指定变量类型和变量名,可以为变量赋初值。

◎ 变量的定义格式为:[存储类型]　类型名　变量名 1,变量名 2...

◎ 存储类型指定自动方式"auto"、静态方式"static"、寄存器方式"register"三种存储方式,缺省的存储方式就是自动方式,静态变量存储在静态存储区。

◎ 整型变量用来存放整数的内存单元。整型变量必须先定义后使用,整型变量的定义一般是放在函数开头的声明部分。

◎ 在定义变量的同时给变量赋值称为变量初始化。

◎ 声明有符号整型变量,有符号整型数据以二进制补码形式存放于整型变量对应的存储区中,最高位为符号位,其余的倍数为数据位。声明无符号整型变量,存储单元没有符号位,全部是数据位。

◎ 浮点型变量是用来存放浮点型数据的内存单元。浮点型变量包括单精度型变量、双精度型变量和长双精确度型变量三类。编译时,浮点型变量按照 IEEE-754 标准规定浮点数的存储格式,存储为二进制数,用十六进制数表示。

◎ IEEE-754 规定,浮点数的存储格式分为符号位 s、阶码 e(用于计算移阶码 E)、前导位 j 和尾数 M 共 4 个部分。

◎ 当一个浮点数小于机器所能代表的最小数 δ 时产生"下溢",下溢时一般当成机器零来处理,单精度浮点数 $\delta = 1.17549431578984e-38$ 时产生"下溢"。

◎ 字符变量指用来存放字符型数据的内存单元,字符变量分为有符号 signed 和无符号 unsigned 两种类型,每个字符变量占用 1 个字节的内存单元,存放 1 个字符。

◎ 定义字符变量后,系统在内存区域开辟 1 个字节的存储单元,并为该存储单元命名,该存储单元用来存储字符常量或 1 字节整型常量。字符数据的存储码是该字符的 ASCII 码。

◎ 在 C 语言中没有字符串变量的概念,对字符串的处理是通过字符数组或指针进行处理。

◎ 表达式是用运算符、小括号按一定的规则将运算量连接起来,能得到运算结果的式子,可将表达式简单地理解为计算的公式。

◎ 常量、变量、数组、函数是表达式,表达式的单目、双目和三目运算也是表达式。

◎ 表达式语句是由表达式和分号构成的语句。

◎ 算术表达式是用算术运算符、小括号按一定的规则将运算量连接起来的式子。

◎ 关系运算指比较两个操作数的运算,运算的结果是逻辑值"真(1)"或"假(0)"。

◎ 在关系表达式中,关系运算符的优先级低于算术运算符,高于逻辑运算符(&& 逻辑与、‖逻辑或)和赋值运算符,结合原则为自左至右,关系运算的操作数可以是任一表达式。

◎ 逻辑运算指按逻辑关系连接各种类型表达式的运算,逻辑运算的结果是逻辑值1(真)或0(假)。逻辑运算符包括!(逻辑非)、&&(逻辑与)、‖(逻辑或)三种。

◎ 短路原理:在逻辑与组成的表达式中,逻辑与运算符(&&)的左边为 0 时,系统确定该表达式值为 0,逻辑与运算符右边的表达式不计算,保持原来的值不变。

◎ 开路原理:在逻辑或组成的表达式中,逻辑或运算符(‖)的左边为 1 时,系统确定该表达式值为 1,逻辑或运算符右边的表达式不计算,保持原来的值不变。

◎ 位运算指按二进制位进行的逻辑运算和移位运算,C 语言的位运算包括~(按位取反)、&(按位与)、|(按位或)、ˆ(按位异或)、<<(左移)、>>(右移)等位运算符。

◎ 逗号表达式是用逗号运算符分隔多个表达式而构成的表达式,逗号运算符的优先级为最低级,结合原则为自左至右,依次计算表达式 1 的值、表达式 2 的值,直到表达式 n 的值,整个逗号表达式的值为表达式 n 的值。

◎ 强制类型转换运算符是用小括号括起类型名,把表达式转换成指定的类型。

◎ 条件运算符是三目运算符"?:",有 3 个表达式,表达式 1 是条件表达式,判断条件是否成立,表达式 2 和表达式 3 是求值表达式,条件为真执行表达式 2,条件为假执行表达式 3。

◎ sizeof 是 C 语言中的一种单目操作符,sizeof 运算符的优先级为 2 级,sizeof 运算符以字节为单位,计算出各种类型操作数的存储空间大小,在字符串类型计算包括字符串中间或者末尾的特殊字符"\0"。Sizeof 的操作数可以是一个表达式或括在括号内的类型名。

2. C 语言词法与语法

1) 数据类型

C 语言的数据类型按照 VC 定义列表,数据类型见表 2.1.1。

表 2.1.1 字符型和数值型数据

类型名	说明	长度	取值范围	变量说明	存储码 H
[signed] char	有符号字符型	8 位	−128～127	char chA='A';	41
unsigned char	无符号字符型	8 位	0～255	unsigned char chA='a';	61
[signed] short [int]	有符号短整型	16 位	−32768～32767	short shA=−1	FFFF

类型名	说明	长度	取值范围	变量说明	存储码 H
unsigned short [int]	无符号短整型	16 位	$0\sim65535$	unsigned short ushB=65535	FFFF
[signed] int	有符号整型	32 位	$-2^{31}\sim(2^{31}-1)$	int iA=2147483647	7FFFFFFF
unsigned int	无符号整型	32 位	$0\sim(2^{32}-1)$	unsigned int uiB=65536	0001 0000
[signed] long int	有符号长整型	32 位	$-2^{31}\sim(2^{31}-1)$	long int liA=－－2147483648	8000 0000
unsigned long [int]	无符号长整型	32 位	$0\sim(2^{32}-1)$	unsigned long ulB=4294967295	FFFFFFFF
float	单精度型	32 位	$8.43\times10^{-37}\sim$ 3.37×10^{38}	float fA=123.456f	43 A2 50 00
double	双精度型	64 位	$2.225074\times10^{-308}\sim$ 1.797693×10^{308}	double dA=123.456	40 74 4A 00 00 00 00 00
long double	长双精度型	64 位	$2.225074\times10^{-308}\sim$ 1.79693×30^{308}	long double dA=123.456L	40 74 4A 00 00 00 00 00

表中，[signed] long [int]是采用巴柯斯范式描述，表示方括号中的 signed，int 可以缺省。因此有符号长整型可以表示成 long。同理有符号短整型可以表示为 short。

2）算术运算

算术运算符包括＋（正号）、－（负号）、＋＋（自增）、－－（自减）、*（乘）、/（除或整除）、%（取余）、＋（加）、－（减）等运算符，分析算术运算符的含义、优先级、结合性、运算方法，见表 2.1.2。

表 2.1.2　算术运算符

运算符	含义	级别/目	结合性	范例（变量 iA=12)	运算结果	说明
＋	取正值	2/单	右到左	iB=+iA;	iB=12	iB 的值同 iA
－	取负值	2/单	右到左	iB=-iA;	iB=-12	iB 与 iA 反号
＋＋（前置）	前置+1	2/单	右到左	iB=++iA;	iA=13;iB=13	iA 先加 1 赋给 iB
－－（前置）	前置-1	2/单	右到左	iB=--iA;	iA=11;iB=11	iA 先减 1 赋给 iB
（后置）＋＋	后置+1	1/单	左到右	iB=iA++;	iB=12;iA=13	iA 赋给 iB 后 iA 加 1
（后置）－－	后置-1	1/单	左到右	iB=iA--;	iB=12;iA=11	iA 赋给 iB 后 iA 减 1
*	乘法运算	4/双	左到右	iB=iA*2;	iB=24	iA 乘 2 的值赋给 iB
/	除法运算	4/双	左到右	iB=iA/2.5;	iB=4.8	iA 除以 2.5 的值赋给 iB
整数/整数	整除运算	4/双	左到右	iB=iA/7;	iB=1	iA 整除 7 的值赋给 iB
%	取余运算	4/双	左到右	iB=iA%5;	iB=2	iA 除以 5 取余赋给 iB
＋	加法运算	5/双	左到右	iB=iA+5;	iB=17	iA 加 5 的值赋给 iB
－	减法运算	5/双	左到右	iB=iA-5;	iB=7	iA 减 5 的值赋给 iB

3) 关系运算符

关系运算符见表 2.1.3,其中整型变量 iA＝5,iB＝4,iC＝3,浮点型变量 fE＝2.0。

表 2.1.3　关系运算

关系运算	关系运算符	级别/目	结合性	关系表达式	运算结果	说明
小于	＜	7/双	左到右	'A'＜'a'	1	字符比较 ASCII 的值
小于等于	＜＝	7/双	左到右	iA＜＝iB	0	整数按值的大小比较
大于	＞	7/双	左到右	iB＋iC＞iA	1	先算 iB＋iC,再比较
大于等于	＞＝	7/双	左到右	fE＞＝1.5	1	浮点数按值的大小比较
等于	＝＝	8/双	左到右	fE＝＝0	0	浮点数不与 0 相等比较
不等于	！＝	8/双	左到右	iA！＝iB	1	不相等时结果为真值为 1

4) 逻辑运算符

逻辑运算符见表 2.1.4,其中整型变量 iA＝5,浮点型变量 fB＝4.0。

表 2.1.4　逻辑运算符

逻辑运算	逻辑运算符	级别/目	结合性	示例	运算结果	说明
逻辑非	！	2/单	右到左	！iA	0	非 0 数逻辑非为 0
逻辑与	&&	12/双	左到右	iA&&fB	1	两个非 0 数逻辑与结果为 1
逻辑或	‖	13/双	左到右	iA‖fB	1	两个非 0 数逻辑或结果为 1

5) 位运算符

位运算符的功能见表 2.1.5。其中短整型变量 a＝0xE6,b＝0x7A。

表 2.1.5　位运算符

位运算	位运算符	级别/目	结合性	示例	运算结果	说明
按位取反	～	2/单	右到左	～0xa8	FF57H	TC 整型 16 位按位取反
按位与	&	10/双	左到右	a&b	62H	E6H&7AH＝62H
按位异或	^	11/双	左到右	a^b	9CH	E6H^7AH＝9CH
按位或	｜	12/双	左到右	a｜b	FEH	E6H｜7AH＝FEH
位左移	＜＜	7/双	左到右	a＜＜2	398H	E6H＜＜2＝398H
位右移	＞＞	7/双	左到右	a＞＞4	EH	E6H＞＞4＝EH

6) 复合赋值运算符

复合赋值运算符如表 2.1.6 所示,表中的整型变量 iY 的初值为 6,float 型变量 fX 的初值为 6.0。

表 2.1.6　复合赋值运算符

复合运算符	复合赋值	语义	级别/目	结合性	运算结果	说明
+=	iY+=2;	iY=iY+2;	15/双	右到左	iY=8	iY 加 2 的结果赋给 iY
-=	iY-=2;	iY=iY-2;	15/双	右到左	iY=4	iY 减 2 的结果赋给 iY
*=	iY*=2;	iY=iY*2;	15/双	右到左	iY=12	iY 乘 2 的结果赋给 iY
/=	fX/=4.0;	fX=fX/4.0;	15/双	右到左	fX=1.5	fX 除以 4.0 的结果赋给 fX
/=	iY/=4;	iY=iY/4;	15/双	右到左	iY=1	iY 整除 4 的结果赋给 iY
%=	iY%=4;	iY=iY%4;	15/双	右到左	iY=2	iY 除以 4 的余数赋给 iY
<<=	iY<<=2;	iY=iY<<2;	15/双	右到左	iY=24	iY 的值左移两位
>>=	iY>>=2;	iY=iY>>2;	15/双	右到左	iY=1	iY 的值右移两位
&=	iY&=4;	iY=iY&4;	15/双	右到左	iY=4	iY 位与 4 的结果赋给 iY
^=	iY^=4;	iY=iY^4;	15/双	右到左	iY=2	iY 位异或 4 的结果赋给 iY
|=	iY|=4;	iY=iY|4;	15/双	右到左	iY=6	iY 位或 4 的结果赋给 iY

7）其他运算

其他运算符见表 2.1.7。

表 2.1.7　其他运算符

名称	运算符	举例	优先级	结合性
小括号	()	(a+b)*c	1	左到右
数组下标	[ ]	array[4]	1	左到右
函数调用	函数名()	func(a,b)	1	左到右
成员运算符	.(结构或联合成员)	Stu. num	1	左到右
指向运算符	->(结构或联合成员)	Stu->num	1	左到右
取地址	& 变量	&a	2	右到左
间接寻址	* 指针	*p	2	右到左
计算所需空间	sizeof	sizeof(a)	2	右到左
强制类型转换	(类型)	(float)a	3	右到左
条件(三目运算符)	?:	a>b? a:b	14	右到左
逗号	,	a=8,b=3	16	左到右

2.1.3　补充教材——数制与编码

1. 数制

数的书写和命名方法称为计数,按进位的原则进行计数,不同的计数规则构成不同的进位计数制,简称数制。计算机技术中常使用二进制、八进制、十六进制和十进制等数制,不同进位制之间可以相互转换。

数制的研究,人们总是从熟悉的十进制数开始研究的,从十进制数的特征中归纳出数制的基本规律和分析的要点,然后演绎到二进制、八进制、十六进制数的分析方法之中。

1) 十进制

十进制数的主要特征如下。

① 数码:有十个数字符号,0,1,2,3,4,5,6,7,8,9。

② 基数:数码的个数,十进制数的基数为十,逢十进一。

③ 数位:数码在数中所处的位置。以小数点为界,小数点左边的数位,权值大于或等于 1;小数点右边的数位,权值小于 1。

④ 权:用 10^k 表示每一个数位的固定常数即权。十进制数的权值分别为

$$10^n,\cdots,10^2,10^1,10^0,10^{-1},10^{-2},10^{-3},\cdots,10^{-m}$$

每一个数位上的值是由该位置上的数码与权值的乘积。

⑤ 表达式:十进制数可以展开成数与权乘积的表达式。

$$d=(d_n\cdots d_2 d_1 d_0 d_{-1} d_{-2} d_{-3}\cdots d_m)_{10}=d_n\times10^n+\cdots+d_2\times10^2+d_1\times10^1+d_0\times10^0+d_{-1}\times10^{-1}+d_{-2}\times10^{-2}+d_{-3}\times10^{-3}+\cdots+d_{-m}\times10^{-m}=\sum d_i\times10^i$$

$$(11010.101)_{10}=1\times10^4+1\times10^3+0\times10^2+1\times10^1+0\times10^0+1\times10^{-1}+0\times10^{-2}+1\times10^{-3}$$

根据十进制数的主要特征,归纳出任意的 N 进制数的表示方法和进位规则如下:N 进制数有 N 个数码,采用位权表示法将数码的集合表示为数,进位规则为逢 N 进 1。

其中,N 是数制中表示数的字符的个数,称为基数。例如,十进制数的基数为 10,八进制数的基数为 8 等。

数码用简单、常用的数字符号表示。例如,十进制数 0,1,2,3,4,5,6,7,8,9 等 10 个不同的符号来表示十进制数值,即表示有 10 个数码。

位权是指一个数字在某个固定位置上所代表的值,简称权,处在不同位置上的数字所代表的值不同,每个数字的位置决定了它的值。例如,十进制数 267.82 中数码 2 在百位,表示 200,权为 10^2,用代数方法数值表示为 2×10^2;6 在十位,表示 60,权为 10^1,用代数方法数值表示为 6×10^1;7 在个位,表示 7,即 7×10^0;8 在小数点后第 1 位,表示 0.8,即 8×10^{-1};2 在小数点后第 2 位,表示 0.02,即 2×10^{-2}。

用代数式表示数码与权乘积的代数和为:

$$(158.46)_{10}=1\times10^2+5\times10^1+8\times10^0+4\times10^{-1}+6\times10^{-2}$$

因此,任何一种数制表示的数都可以写成按权展开的多项式之和。

2) 二进制

二进制数主要特征如下。

① 数码:有 2 个数字符号,0 和 1。

② 权:$2^n,\cdots,2^2,2^1,2^0,2^{-1},2^{-2},2^{-3},\cdots,2^{-m}$。每一个数位上的值是由该位置上的数码与权值的乘积。

③ 进位:基数为 2,逢二进一,每位上的数值超过二,则向上一位进一。

④ 表达式:二进制数可以展开成数码与权乘积的表达式。

$$(B)_2 = (B_n \cdots B_2 B_1 B_0 B_{-1} B_{-2} B_{-3} \cdots B_{-m})_2 = B_n \times 2^n \cdots B_2 \times 2^2 + B_1 \times 2^1 + B_0 \times 2^0 + B_{-1} \times 2^{-1} + B_{-2} \times 2^{-2} + B_{-3} \times 2^{-3} + \cdots + B_{-m} \times 2^{-m} = \sum B_i \times 2^i$$

⑤ 举例:根据表达式将二进制数转换成十进制数。

$$(11010.101)_2 = 1 \times 2^4 + 1 \times 2^3 + 0 \times 2^2 + 1 \times 2^1 + 0 \times 2^0 + 1 \times 2^{-1} + 0 \times 2^{-2} + 1 \times 2^{-3} = (26.625)_{10}$$

3）八进制

八进制数主要特征如下。

① 数码:有 8 个数字符号,0,1,2,3,4,5,6,7。

② 权:$8^n, \cdots, 8^2, 8^1, 8^0, 8^{-1}, 8^{-2}, 8^{-3}, \cdots, 8^{-m}$,每一个数位上的值是由该位置上的数码与权值的乘积。

③ 进位:逢八进一,每位上的数值超过八,则向上一位进一。

④ 表达式:八进制数可以展开成数码与权乘积的表达式。

$$(C)_8 = (C_n \cdots C_2 C_1 C_0 C_{-1} C_{-2} C_{-3} \cdots C_{-m})_8 = C_n \times 8^n \cdots C_2 \times 8^2 + C_1 \times 8^1 + C_0 \times 8^0 + C_{-1} \times 8^{-1} + C_{-2} \times 8^{-2} + C_{-3} \times 8^{-3} + \cdots + C_{-m} \times 8^{-m} = \sum C_i \times 8^i$$

举例:根据表达式将八进制数转换成十进制数。

$$(415.36)_8 = 4 \times 8^2 + 1 \times 8^1 + 5 \times 8^0 + 3 \times 8^{-1} + 6 \times 8^{-2} = (269.46875)_{10}$$

4）十六进制

十六进制的主要特征如下。

① 数码:有 16 个数字符号,即 0,1,2,3,4,5,6,7,8,9,A,B,C,D,E,F。

② 权:$16^n, \cdots, 16^2, 16^1, 16^0, 16^{-1}, 16^{-2}, 16^{-3}, \cdots, 16^{-m}$,每一个数位上的值是由该位置上的数码与权值的乘积。

③ 进位:逢十六进一,每位上的数值超过十六,则向上一位进一。

④ 表达式:十六进制数可以展开成数码与权乘积的表达式。

$$(H)_{16} = (H_n \cdots H_2 H_1 H_0 H_{-1} H_{-2} H_{-3} \cdots H_{-m})_{16} = H_n \times 16^n \cdots H_2 \times 16^2 + H_1 \times 16^1 + H_0 \times 16^0 + H_{-1} \times 16^{-1} + H_{-2} \times 16^{-2} + H_{-3} \times 16^{-3} + \cdots + H_{-m} \times 16^{-m} = \sum H_i \times 16^i$$

举例:根据表达式,可以将十六进制数转换成十进制数。

$$(ABD.C)_{16} = A \times 16^2 + B \times 16^1 + 8 \times 16^0 + C \times 16^{-1} = (2749.75)_{10}$$

表 2.1.8　四位二进制数与其他数制的对照

二进制	十进制	八进制	十六进制	二进制	十进制	八进制	十六进制
0000	0	0	0	1000	8	10	8
0001	1	1	1	1001	9	11	9
0010	2	2	2	1010	10	12	A
0011	3	3	3	1011	11	13	B
0100	4	4	4	1100	12	14	C
0101	5	5	5	1101	13	15	D
0110	6	6	6	1110	14	16	E
0111	7	7	7	1111	15	17	F

5）二进制、八进制、十六进制转换为十进制

根据二进制、八进制、十六进制的表达式，将权转换成十进制数，进行运算，得到十进制数。

例 2.1.1　将下列二进制、八进制、十六进制数转换成十进制数。

$(110110.101)_2 = 1 \times 2^5 + 1 \times 2^4 + 1 \times 2^2 + 1 \times 2^1 + 1 \times 2^{-1} + 1 \times 2^{-3} = (54.625)_{10}$

$(167.6)_8 = 1 \times 8^2 + 6 \times 8^1 + 7 \times 8^0 + 6 \times 8^{-1} = (119.75)_{10}$

$(2AB.6)_{16} = 2 \times 16^2 + A \times 16^1 + B \times 16^0 + 6 \times 16^{-1} = (683.375)_{10}$

6）十进制转换成二进制、八进制、十六进制

十进制转换成二进制、八进制、十六进制方法为：以小数点为界，整数部分用除法取余的方法，第一个余数为 B_0（或 C_0、H_0），第二个为 B_1，依次取下去；小数部分用乘法取进位，第一个进位为 B_{-1}（或 C_{-1}、H_{-1}），第二个进位为 B_{-2}，依次取下去。将余数和进位写成 $(B_n B_{n-1} \cdots B_1 B_0 B_{-1} \cdots B_{-m})_2$ 的形式，即为所求之数。

例 2.1.2　将十进制数 156.75 转换为二进制数。

$$
\begin{array}{ll}
2\ \underline{|\ 156} & \cdots\cdots 余\ 0\quad B_0 \\
2\ \underline{|\ 78} & \cdots\cdots 余\ 0\quad B_1 \\
2\ \underline{|\ 39} & \cdots\cdots 余\ 1\quad B_2 \\
2\ \underline{|\ 19} & \cdots\cdots 余\ 1\quad B_3 \\
2\ \underline{|\ 9} & \cdots\cdots 余\ 1\quad B_4 \\
2\ \underline{|\ 4} & \cdots\cdots 余\ 0\quad B_5 \\
2\ \underline{|\ 2} & \cdots\cdots 余\ 0\quad B_6 \\
\quad 1 & \cdots\cdots\ \ 1\quad B_7
\end{array}
$$

$$
\begin{array}{l}
\qquad\qquad 0.75 \\
\qquad\quad \times\quad\ \ 2 \\
\hline
B_{-1}\quad 进位 1\quad .50 \\
\qquad\quad \times\quad\ \ 2 \\
\hline
B_{-2}\quad 进位 1\qquad 0
\end{array}
$$

$\therefore (156.75)_{10} = (10011100.11)_2$

十进制数转换成八进制数的方法是整数部分“除 8 取余法”，小数部分用“乘 8 取进位法”，十进制整数转换成十六进制整数的方法是整数部分“除 16 取余法”，小数部分用“乘 16 取进位法”。

例 2.1.3　将十进制数 229.75 转换为八进制数。

整数部分：
$$
\begin{array}{ll}
8\ \underline{|\ 229} & \cdots\ 5\quad C_0 \\
8\ \underline{|\ 28} & \cdots\ 4\quad C_1 \\
\quad 3 & \cdots\ 3\quad C_2
\end{array}
$$

小数部分：
$$
\begin{array}{l}
\qquad 0.75 \\
\quad \times\quad\ 8 \\
\hline
C_{-1}\ 进位\quad 6.00
\end{array}
$$

$\therefore (229.75)_{10} = (345.6)_8$

例 2.1.4　将十进制数 237.75 转换为十六进制数。

整数部分：
$$
\begin{array}{lll}
16\ \underline{|\ 237} & \cdots\ 13 & 即 D\quad H_0 \\
\quad 14 & \cdots\cdots & 即 E\quad H_1
\end{array}
$$

小数部分：
$$
\begin{array}{l}
\qquad 0.75 \\
\quad \times\quad 16 \\
\hline
\qquad 450 \\
+\quad 75 \\
\hline
H_{-1}\ 为 C\quad 12.00
\end{array}
$$

$\therefore (237.75)_{10} = (ED.C)_{16}$

7) 二进制、八进制、十六进制之间的转换

根据表 2.1.8 所示,1 位八进制数可用 3 位二进制数表示,1 位十六进制数可用 4 位二进制数表示。二进制转换成八进制,以小数点为界,3 位一分节,再将 3 位二进制数表示成八进制数,即可得到所求八进制数。二进制转换成十六进制,以小数点为界 4 位一分节,再将 4 位二进制数转换成十六进制数,即可得到所求的十六进制数。

例 2.1.5 将下列二进制 $(11110101010.11111)_2$ 转换为八进制和十六进制数。将八进制数 $(5247.601)_8$ 转换为二进制和十六进制数。

$(11110101010.11111)_2 = (011\ 110\ 101\ 010.111\ 110)_2 = (3652.76)_8$

$(11110101010.11111)_2 = (0111\ 1010\ 1010.1111\ 1000)_2 = (7AA.F8)_{16}$

$(5247.604)_8 = (101\ 010\ 100\ 111.110\ 000\ 100)_2 = (1010\ 1010\ 0111.1100\ 0010)_2$

$\qquad\qquad = (AA7.C2)_{16}$

2. 原码

$$[X]_{原} = \begin{cases} X & (0 \leqslant X < 2^n) \\ 2^n + |X| & (-2^n < X \leqslant 0) \end{cases}$$

正数的原码符号位为 0,值为 X;负数的原码符号位为 1,值为该数的绝对值。

例 2.1.6 已知 $X1 = +1101001, X2 = -1101001, Y1 = +0000000, Y2 = -0000000$ 分别求原码 $[X1]_{原}$、$[X2]_{原}$、$[Y1]_{原}$、$[Y2]_{原}$。

解 $[X1]_{原} = 01101001$　$[X2]_{原} = 11101001$

$[Y1]_{原} = 00000000$　$[Y2]_{原} = 10000000$

八位二进制数原码表示范围为 $-127 \sim +127$。原码表示简单、易于理解,与真值转换方便,缺点是运算麻烦。

3. 反码

设 X 为带有符号的二进制数,X 的绝对值用 $|X|$ 表示。$2^{n+1} - 1$ 为二进制数编码的全 1 状态。反码定义为

$$[X]_{反} = \begin{cases} X & (0 \leqslant X < 2^n) \\ 2^{n+1} - 1 - |X| & (-2^n < X \leqslant 0) \end{cases}$$

正数的反码符号位为 0,值为 X;负数的反码符号位为 1,数值逐位取反。

例 2.1.7 已知 $X1 = +1101001, X2 = -1101001, Y1 = +0000000, Y2 = -0000000$ 分别求原码 $[X1]_{反}$、$[X2]_{反}$、$[Y1]_{反}$、$[Y2]_{反}$。

解 $[X1]_{反} = 01101001$　$[X2]_{反} = 10010110$

$[Y1]_{反} = 00000000$　$[Y2]_{反} = 11111111$

4. 补码

引入反码的目的是提供一种求补码的方法,设 X 为带有符号的二进制数,X 的绝对值用 $|X|$ 表示,2^{n+1} 表示模。补码的定义为:

$$[X]_{补} = \begin{cases} X & (0 \leqslant X < 2^n) \\ 2^{n+1} - |X| & (-2^n < X \leqslant 0) \end{cases}$$

正数的补码符号位为 0,值为 X;负数的补码符号位为 1,值为反码加 1。

例 2.1.8　已知 X1＝＋1101001,X2＝－1101001,Y1＝＋0000000,Y2＝－0000000 分别求原码$[X1]_{补}$、$[X2]_{补}$、$[Y1]_{补}$、$[Y2]_{补}$。

解　$[X1]_{补} = 01101001$　$[X2]_{补} = 10010111$

$[Y1]_{补} = 00000000$　$[Y2]_{补} = 00000000$

(1) 补码转化为原码表示方法

$[X]_{原} = [[X]_{补}]_{补}$

例 2.1.9　已知$[X2]_{补} = 10010111$,求$[X]_{原}$。

解　$[X]_{原} = [[X]_{补}]_{补} = [10010111]_{补} = 11101001$

(2) 补码的运算规则

两个二进制数之和的补码等于该两数的补码之和:$[X \pm Y]_{补} = [X]_{补} \pm [Y]_{补}$

例 2.1.10　已知 X＝35,Y＝19,试求$[\pm X \pm Y]_{补}$。

解　$[X]_{补} = 00100011$,$[-X]_{补} = 11011101$,$[Y]_{补} = 00010011$,$[-Y]_{补} = 11101101$

$[X+Y]_{补} = [X]_{补} + [Y]_{补} = 00100011 + 00010011 = 00110110$

$[X-Y]_{补} = [X]_{补} + [-Y]_{补} = 00100011 + 11101101 = 00010000$

$[-X+Y]_{补} = [-X]_{补} + [Y]_{补} = 11011101 + 00010011 = 11110000$

$[-X-Y]_{补} = [-X]_{补} + [-Y]_{补} = 11011101 + 11101101 = 11001010$

5. 带符号位的整型数据的编码

短整型变量用两个字节存储带符号位的整型数据,最高位为符号位,0 表示正,1 表示负,其他位表示数据位,数据存储的是补码。例如,带符号数 x＝－1 存储的补码为

$[x]_{补} = 1111111111111111 = FFFF$

整型和长整型用四个字节存储带符号位的整型数据,最高位为符号位,0 表示正,1 表示负,其他位表示数据位,数据存储的是补码。例如,带符号数 x＝－1 存储的补码为

$[x]_{补} = 1111\ 1111\ 1111\ 1111\ 1111\ 1111\ 1111\ 1111 = FFFF\ FFFF$

6. 二进制数的逻辑运算

二进制数的逻辑运算规则见表 2.1.9。

表 2.1.9　逻辑运算规则

"与"运算符 &	"或"运算符 ∨	"非"运算符 ～	"异或"运算符 ∧
0&0=0	0∨0=0	～0=1	0∧0=0
0&1=0	0∨1=1	～1=0	0∧1=1
1&0=0	1∨0=1		1∧0=1
1&1=1	1∨1=1		1∧1=0

逻辑运算的基本原则:按位进行逻辑运算,没有进位,也没有借位。

1) 与运算及文氏图

例 2.1.11　求 11011001 & 10110101 的值。

```
  1 1 0 1 1 0 0 1
& 1 0 1 1 0 1 0 1
─────────────────
  1 0 0 1 0 0 0 1
```

∴ 11011001 & 10110101 = 10010001

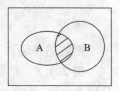

2) 或运算及文氏图

例 2.1.12　求 10011010 ∨ 10110001 的值。

```
  1 0 0 1 1 0 1 0
∨ 1 0 1 1 0 0 0 1
─────────────────
  1 0 1 1 1 0 1 1
```

∴ 10011010 ∨ 10110001 = 10111011

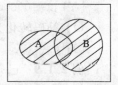

3) 非运算及文氏图

例 2.1.13　求 ～01010011 的值。

～0101 0011 = 1010 1100

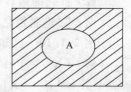

4) 异或运算及文氏图

例 2.1.14　求 10100101 ∧ 01110110 的值。

```
  1 0 1 0 0 1 0 1
∧ 0 1 1 1 0 1 1 0
─────────────────
  1 1 0 1 0 0 1 1
```

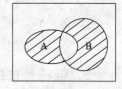

2.2　分　析　方　法

2.2.1　案例分析

1. 存储分析

存储分析是指定义变量的类型并赋值后,分析存储在变量中的数据编码。

例 2.2.1　已知变量的定义如下,试分析其存储码。

```
char chA='6',chB=6;
int iA=-1,iB=-32768;
float fA=127.25f;
double dB=1023.875;
```

解　字符数据的存储码为该字符的 ASCII 码,chA 的存储码 schA＝36H,chB 的存储码 schB＝6H。chA 为字符'6',ASCII 码值为 36H,chA－'0'＝36H－30H＝6H,chB 为数值 6H。

整型数据的存储码为该数值的补码,iA 的存储码为 siA＝FFFFFFFFH,iB 的存储码为 siB＝FFFF8000H。

浮点型数据用移码存储,根据单精度浮点数的存储格式,先将单精度浮点数转换成规

格化二进制数

$127.25=(1111111.01)_2=(1.11111101*2^6)_2$

其中,符号位 s 为 0,阶码 e8 为 6,前导码 1 隐含,尾数 M23＝111 1110 1000 0000 0000 0000,移阶码为:$E=(6+7F)_{16}=(85)_{16}=(10000101)_2$

所以,单精度的存储码 sfA 为

$sfA=(0100\ 0010\ 1111\ 1110\ 1000\ 0000\ 0000\ 0000)_2=(42\ FE\ 80\ 00)_{16}$

双精度浮点数 1023.875 转换成规格化二进制数为

$1023.875=(1111111111.111)_2=(1.111111111111*2^9)_2$

其中,符号位 s 为 0,阶码 e11 为 9,前导码 1 隐含,尾数 M52＝1111 1111 1111 0000 0000 0000 0000 0000 0000 0000 0000 0000,移阶码为

$E=(9+3FF)_{16}=(408)_{16}=(100\ 0000\ 1000)_2$

所以,双精度的存储码 sdB 为

$sdB=(0100\ 0000\ 1000\ 1111\ 1111\ 1111\ 0000\ 0000\ 0000\ 0000\ 0000\ 0000\ 0000\ 0000)_2=(40\ 8F\ FF\ 00\ 00\ 00\ 00\ 00)_{16}$

2. 分析算术表达式

例 2.2.2 分析算术表达式'b'%9+'A'*2/'a'+0.5*'B'的运算结果。

解 先计算'b'%9,将字符'b'转换成整型数 98,计算结果为整型数 8,再计算'A'*2/'B',将'A'转换成整型数 65,计算 65*2 结果为 130,将'B'转换成整型数 66,计算整除 130/66,计算结果是整数 1,计算 8+1,结果为 9。计算 0.5*'B',将字符'B'转换成整数 66,0.5*66 得浮点数 33.000000;最后计算 9+33.000000,结果为浮点数 42.000000。编制一简短程序为:(文件名:sy2_14.c)

```
#include <stdio.h>
main()
{
    printf("%f\n",'b'%9+'A'*2/'a'+0.5*'B');
}
```

编辑、编译、运行后输出结果为 42.000000。

3. 分析关系表达式

例 2.2.3 分析关系表达式 iC='A'<'B'!='a'>'5'的运算结果。

解 表达式 iC='A'<'B'!='a'>'5'由三个运算级别的运算符构成,赋值运算符的级别 15 级最低,最后计算,不相等比较运算符!=的级别 8 级其次,大于、小于比较运算符级别 7 级先算,根据 ASCII 码的值计算表达式'A'<='B'的值,结果为 1;计算'a'>'5'的值,结果为 1;1 与 1 进行不相等比较,结果为 0 赋给变量 iC。编制计算表达式的源程序如下为:(文件名:sy2_15.c)

```
#include <stdio.h>
main()
{
    int iC;
```

```
iC='A'<'B'!='a'>'5';
printf("%d\n",iC);
}
```

编译、运行程序,程序输出结果为 0。

4. 分析逻辑表达式

例 2.2.4　已知 iX=2,iY=2,分析逻辑表达式(iX=0)&&(iY=4)的运算结果。

解　根据短路原理,与运算符 && 的左边表达式为 0,则逻辑表达式的结果为 0,与运算符 && 右边的表达式 iY=4 不计算,所以 iY 仍保持初值 iY=2。编制程序为:(文件名:sy2_16.c)

```
#include <stdio.h>
main()
{
int iX=2,iY=2,iZ;
    iZ=(iX=0)&&(iY=4);
    printf("iY=%d,iZ=%d\n",iY,iZ);
}
```

编译、运行程序,程序输出结果为 iY=2,iZ=0。

5. 分析复合赋值表达式

例 2.2.5　已知 char chA='B';int iA=2,iB=4;分析 iB−=iA%=chA/=iA＊=iB+=iA 复合赋值表达式的运算结果。

解　先计算 iB+=iA,运算结果为 iB=6,iA=2;再计算 iA＊=(iB+=iA),结果为 iA=12,iB=6;计算 chA/=(iA＊=iB+=iA),运算结果为 chA=5,iA=12,iB=6;计算 iA%=(chA/=iA＊=iB+=iA),运算结果为 iA=2,chA=5,iB=6;最后计算 iB−=(iA%=chA/=iA＊=iB+=iA),运算结果为 iB=4,iA=2,chA=5。编制源程序为:(文件名:sy2_17.c)

```
#include <stdio.h>
main()
{
char chA='B';
int iA=2,iB=4;
iB-=iA%=chA/=iA*=iB+=iA;
printf("iB=%d,iA=% d,chA=%d\n",iB,iA,chA);
}
```

编译、运行程序,程序输出结果为 iB=4,iA=2,chA=5。

6. 分析逗号表达式

例 2.2.6　表明已知整型变量 iA=1,iB=2,执行语句"iB+=(iA++,iB+=1,iA＊=2);"后,分析输出的结果。

解　表达式语句由逗号表达式和赋值语句组成,先计算逗号表达式(iA++,iB+=1,iA∗=2)的值,逗号表达式依次从左到右计算表达式 iA++,iA 的值为 2,表达式 iB+=1,iB 的值为 3,对 iA 的值没有影响,计算表达式 iA∗=2,计算结果 iA 的值为 4 为逗号表达式的值,最后计算复合赋值语句 iB+=4,计算结果 iB 的值为 7。编制程序为:(文件名:sy2_18.c)

```
#include <stdio.h>
main()
{
  int iA=1,iB=2;
  iB+=(iA++,iB+=1,iA*=2);
  printf("iB=%d\n",iB);
}
```

编译、运行程序,程序输出结果为 iB=7。

7. 分析三目运算符

例 2.2.7　输入 iA,iB 两个数,将其大数赋给 iC,输出 iC,试编写程序。

解　程序用 scanf 输入 iA,iB 两个数,用条件表达式计算出大数并赋值给 iC,用 printf 函数输出 iC,源程序为:(文件名:sy2_19.c)

```
#include <stdio.h>
main()
{
  int iA,iB,iC;
  scanf("%d,%d",&iA,&iB);
  iC=iA>iB?iA:iB;
  printf("iC=%d\n",iC);
}
```

编译、运行程序,输入数据 24,32,程序输出结果为 iC=32。

8. 分析位运算表达式

例 2.2.8　已知 iA=01010100,iB=01000101,试计算位与 iC=iA&iB;位或 iD=iA|iB;位异或 iE=iA^iB;和按位反 iF=~iA;。

解　用竖式计算位与、位或、异或、按位反如下图所示。

```
  01010100      01010100      01010100
& 01000101    | 01000101    ∧ 01000101    ～ 01010100
----------    ----------    ----------    ----------
  01000100      01010101      00010001      10101011
```

iA&iB=01000100;　iA|iB=01010101;　iA∧iB=00010001;　～iA=10101011

源程序为:(文件名:sy2_20.c)

```
#include <stdio.h>
main()
```

```
{
    char iA=0x54,iB=0x45,iC,iD,iE,iF;
    iC=iA&iB;
    iD=iA|iB;
    iE=iA^iB;
    iF=~iA;
    printf("iC=%x,iD=%x,iE=%x,iF=%x\n",iC,iD,iE,iF);
}
```

编译、运行程序,程序输出结果为 iC＝44,iD＝55,iE＝11,iF＝ffffffAB。

2.2.2 编程方法

1. 程序的逻辑顺序

一般编写程序的逻辑顺序是先输入数据,再处理数据,后输出数据。输入数据和处理数据可以缺省,输出数据是必不可少的程序语句,否则一个程序不能给用户提供任何信息,用户也不知道程序执行的效果和结论。C 语言中任何一种运算符组成的表达式都可以编制成一段程序,输出表达式执行的结果,这是一种最简单的编程方法。

例 2.2.9   计算两个任意整数的商和余数,试编制一段程序。

解   两个任意整数声明为两个整型变量 iA 和 iB,商为 iS,余数为 iR,用标准输入语句 scanf 输入两个整数,用赋值语句处理数据,即用整除运算符/求商 iS,用取余运算符％求余数,用标准输出函数输出商和余数。源程序为:(文件名:sy2_21.c)

```
#include <stdio.h>
main()
{   int iA,iB,iS,iR;
    scanf("%d,%d",&iA,&iB);
    iS=iA/iB;
    iR=iA %iB;
    printf("iS=%d,iR=%d\n",iS,iR);
}
```

编译、运行程序输出结果为:iS＝1,iR＝2。

2. 程序中变量的先声明后引用

程序中使用的变量一定要先声明后引用,根据数据的形态(字符、整数、浮点数)和数据的取值范围,声明变量的类型,字符型占 1 个字节,短整型占 2 个字节,整型占 4 个字节,单精度型占 4 个字节、双精度型占 8 个字节。VC 编译器根据变量的类型分配相应大小的存储空间。在定义变量类型时要考虑变量间的运算,避免出现错误的运算。

例 2.2.10   已知 2011 年人口普查中,全省的人口总数为 57 237 740,武汉市人口数为 9 785 392,襄阳市人口数为 5 500 307,宜昌市人口数为 4 059 686,问三城市人口总数在全省人口总数中占据的百分比是多少?

解　在做除法运算时,除法的两个操作数不能同时为整数,否则运算符"/"表示整除运算,结果为 0,因此要声明其中的一个变量为单精度数或双精度数 dS＝57237740,其他变量可以声明为整型变量。iW＝9785392,iX＝5500307,iY＝4059686,三城市人口总数在全省人口总数中占据的百分比声明为双精度变量 dP,程序的逻辑顺序是先声明变量时赋初值输入数据,用赋值语句处理数据,用标准输出函数输出数据三个步骤依次执行,源程序为:(文件名:sy2_22.c)

```c
#include <stdio.h>
main()
{
    int iW=9785392,iX=5500307,iY=4059686;
    double dS=57237740,dP;
    dP=100*(iW+iX+iY)/dS;
    printf("dP=%f\n",dP);
}
```

编译、运行该程序输出结果为 dP＝33.798303。

3. 变量的取值范围

编程时要注意变量的取值范围,超越取值范围会产生溢出,输出结果错误。

例 2.2.11　各种类型变量的取值范围举例。

(1) 字符型变量的取值范围(文件名:sy2_23_1.c,sy2_23_2.c)。

无符号字符型变量的取值范围 0～256	有符号字符型变量的取值范围－128～127

`#include <stdio.h>`
`main()`
`{`
`unsigned char chA='A';`
`chA+=200;`
`printf("chA=%d\n",chA);`
`}`
	`#include <stdio.h>`
	`main()`
	`{`
	`char chA='A',chB='B';`
	`chA+=chB;`
	`printf("chA=%d\n",chA);`
	`}`

输出结果为:chA＝9 溢出	输出结果为:－125 溢出

(2) 短整型变量的取值范围(文件名:sy2_23_3.c,sy2_23_4.c)。

无符号短整型变量的取值范围 0～65535	有符号短整型变量的取值范围－32768～32767

`#include <stdio.h>`
`main()`
`{`
`unsigned short int iA=65535,iB;`
`iB=iA+1;`
`printf("iA=%x,iB=%d\n",iA,iB);`
`}`
	`#include <stdio.h>`
	`main()`
	`{`
	`short int iA=32767,iB;`
	`iB=iA+1;`
	`printf("iA=%x,iB=%d\n",iA,iB);`
	`}`

输出结果为:iA＝ffff,iB＝0 溢出	输出结果为:iA＝7fff,iB＝－32768 溢出

（3）整型和长整型变量的取值范围相同（文件名：sy2_23_5.c，sy2_23_6.c）。

无符号整型和长整型变量的取值范围 0～4294967295	有符号整型变量的取值范围 −2147483648～＋2147483647
| ```
#include <stdio.h>
main()
{
unsigned int iA=4294967295,iB;
iB=iA+1;
printf("iA=%x,iB=%d\n",iA,iB);
}
``` | ```
#include <stdio.h>
main()
{
unsigned int iA=2147483647,iB;
iB=iA+1;
printf("iA=%x,iB=%d\n",iA,iB);
}
``` |
| 输出结果为：iA−ffff ffff，iB−0 溢出 | 输出结果为：iA−7fff ffff，iB− −2147483648 溢出 |

（4）单精度和双精度变量的取值范围。

浮点数低于单精度或双精度变量的下界，产生下溢，计算机通常把该数规定为零，称为"机器零"，存储为全 0。当一个浮点数大于单精度或双精度变量的上界，产生上溢，编译系统报错，程序不能继续运行。

4. 输出表达式的值

对于数据已知的表达式可以直接用标准输出函数输出表达式的值，省略输入数据和处理数据两个步骤，对于由用户输入的数据计算表达式的值，可以省略处理数据的步骤，直接输出表达式的值。

例 2.2.12　计算表达式 'A'−011+8.6+1/2−0x12 的值。（文件名：sy2_24.c）

```
#include <stdio.h>
main()
{
printf("%f\n",'A'-011+8.6+1/2-0x22);
}
```

2.3　习题与解答

2.3.1　练习题

1. 判断题（共 10 小题，每题 1 分，共 10 分）

（1）C 语言中，声明变量的数据类型是规定其占用的字节数及取值范围。　　（　　）

（2）C 语言中，字符串是一种基本数据类型。　　（　　）

（3）字符型指文字形式的数据类型，字符型数值为 ASCII 码值。　　（　　）

（4）存储在内存中的数据具有确定的数据类型，输出时不能改变其数据类型。　（　　）

（5）变量指在程序运行和处理的过程中其值始终不能被改变的量。　　（　　）

（6）C 语言程序中的符号常量与变量必须做到"先定义，后使用"。　　（　　）

（7）整型数据以二进制补码形式存放于整型变量指定的存储区中。　　　（　　）

（8）浮点型变量按照 IEEE－754 标准规定的单精度存储格式,存储为十进制数。

　　　　　　　　　　　　　　　　　　　　　　　　　　　　　　（　　）

（9）sizeof 是 C 语言中的一种单目操作符,不是函数。　　　　　　　　（　　）

（10）关系运算是比较两个操作数的运算,运算结果是整型和字符型常量。（　　）

2. 单选题（共 10 小题,每题 2 分,共 20 分）

（1）计算算术表达式 5.6＋016＋1/2＋0x16 的值为（　　）。

　　A. 41.600000　　　B. 42.100000　　　C. 37.600000　　　D. 38.100000

（2）计算算术表达式'A'＊2－0x12＊4－'b'%012 的值为（　　）。

　　A. 120.000000　　B. 50.000000　　　C. 128.000000　　　D. 28.500000

（3）已知 x＝2,计算关系表达式 2＜x＜10＝＝x＞1 的值为（　　）。

　　A. 2　　　　　　　B. 10　　　　　　C. 1　　　　　　　D. 0

（4）计算逻辑表达式（x＝2）&&！x＞1‖（x＝3）的值是（　　）。

　　A. 2　　　　　　　B. 3　　　　　　　C. 0　　　　　　　D. 1

（5）已知 chA＝'A',chB＝'b',计算复合赋值表达式"chB＊＝chA＋＝chB%＝chA－＝1"的值是（　　）。

　　A. A　　　　　　　B. b　　　　　　　C. 1　　　　　　　D. 4

（6）已定义 int x＝2,y＝4,计算表达式 x＋＋＜＝5&&y－－＜＝3&&x＋y＋＋的值为（　　）。

　　A. 2　　　　　　　B. 4　　　　　　　C. 0　　　　　　　D. 1

（7）已定义 int x＝6,y＝4,计算表达式（x%＝4）‖（y＝2）后,y 的值为（　　）。

　　A. 2　　　　　　　B. 4　　　　　　　C. 6　　　　　　　D. 5

（8）已定义 int x＝4,y＝2,计算表达式 x＋＋＝＝5&&＋＋y 后,y 的值为（　　）。

　　A. 2　　　　　　　B. 4　　　　　　　C. 0　　　　　　　D. 1

（9）表达式（a＝5,a＊4,a＋3）的值为（　　）。

　　A. 3　　　　　　　B. 8　　　　　　　C. 23　　　　　　　D. 5

（10）已定义 int x＝2,;计算表达式 sizeof((double)x)的值是（　　）。

　　A. 2　　　　　　　B. 4　　　　　　　C. 8　　　　　　　D. 1

3. 填空题（共 10 小题,每题 2 分,共 20 分）

（1）在 VC 中,字符型分为（　　　　　）字符型和（　　　　）字符型两类。

（2）C 语言的基本数据类型有字符型、整型、浮点型三种。其中（　　　　　　）型和（　　　　　　）型是数值型数据。

（3）C 语言表示数据对象的两个要素是数据（　　　　　　）和数据（　　　　　）。

（4）VC 中整型占用的存储空间为（　　　）个字节、长整型占用（　　　）个字节。

（5）浮点型指带小数的实数类型,浮点型变量分为（　　　　）度、（　　　　）度和长双精度三种。

（6）用 int iA;定义变量后,确定了变量的（　　　　　）为 iA,数据类型为（　　　　　）。

（7）存储类型包括自动方式"auto"、静态方式"static"和寄存器方式"register"三种存储方式,缺省的存储方式就是（　　　　　　　）,静态变量存储在（　　　　）存储区。

（8）表达式(a＝2＊3,a＊4),a＋5 的值为（　　　　　）,变量 a 的值为（　　　　　）。

（9）IEEE－754 规定,浮点数的存储格式分为符号位 s、（　　　　　）、（　　　　　）和尾数 M 这 4 个部分。

（10）表达式语句是由（　　　　　　）和（　　　　　）构成的语句。

4. 解释运算符（共 10 小题,每题 1 分,共 10 分）

（1）＋＋:　　　　　　　　　　　　　　　（2）－－:

（3）/:　　　　　　　　　　　　　　　　　（4）％:

（5）＋＝:　　　　　　　　　　　　　　　（6）＝＝:

（7）‖:　　　　　　　　　　　　　　　　　（8）≫:

（9）∧:　　　　　　　　　　　　　　　　　（10）,:

5. 简答题（共 5 小题,每题 4 分,共 20 分）

（1）什么是数据? 数据包括哪些要素?

（2）什么是整数类型? 如何存储整数?

（3）什么叫短路原理? 什么叫开路原理?

（4）什么是条件运算符? 条件表达式的执行方法是什么?

（5）什么是表达式?

6. 分析题（共 5 小题,每题 4 分,共 20 分）

（1）已知变量的定义如下,试分析其存储码。

```
char chA='A',chB='b';
int iA=-1,iB=65535;
float fA=324.625f;
double dB=324.625;
```

（2）分析算术表达式 162－'a'＋'c'＊2.0/'B'－0.5＊'b'的运算步骤。

（3）分析表达式 iC＝'A'＜＝'a'＝＝'a'＞'B'的运算步骤。

（4）已知整型变量 iX＝2,iY＝4,执行语句"iY＋＝(iX＋＋,iX＋4,iX－＝2);"后,分析输出的结果。

（5）已知 iX＝2,iY＝2,分析逻辑表达式(iX＝2)‖(iY＝4)的运算结果。

2.3.2　练习题解答

1. 判断题

（1）T　（2）F　（3）T　（4）F　（5）F　（6）T　（7）T　（8）F　（9）T　（10）F

2. 单选题

(1) A　(2) B　(3) C　(4) D　(5) D　(6) C　(7) B　(8) A　(9) B　(10) C

3. 填空题

(1)（有符号）、（无符号）　　　　　　(2)（整）、（浮点）

(3)（类型）、（值）　　　　　　　　　(4)（4）、（4）

(5)（单精）、（双精）　　　　　　　　(6)（变量名）、（整型）

(7)（自动方式）、（静态）　　　　　　(8)（11）、（6）

(9)（阶码 e）、（前导位 j）　　　　　(10)（表达式）、（分号；）

4. 解释运算符

(1) ++：自增运算符，将变量加 1 后赋给变量，分为前置 ++i 和后置 i++ 两种。

(2) −−：自减运算符，将变量减 1 后赋给变量，分为前置 −−i 和后置 i−− 两种。

(3) /：除法或整除运算符，对于两个整型量相除为整除，取结果的整数部分，只要其中一个量为浮点数，则求除法精确结果。

(4) ％：取余运算符，两整型变量相除取余数。

(5) +=：+= 复合赋值运算符，a+=4 等价于 a=a+4。

(6) ==：相等比较关系运算符，比较两操作数是否相等，相等结果为 1，不等结果为 0。

(7) ‖：逻辑或运算符，两操作数作或运算，结果为逻辑值。

(8) ≫：右移运算符，a≫2 将 a 的值右移两位，左边补两个 0。

(9) ∧：异或位运算符，两操作数的值相同取 0，不同取 1。

(10) ,：逗号运算符，逗号运算符的优先级为最低级，结合原则为自左至右，依次计算表达式 1 的值、表达式 2 的值，直到表达式 n 的值，整个逗号表达式的值为表达式 n 的值。

5. 简答题

(1) 数据从实体的基本特性中抽象出来，是实体属性的符号表示，数据能被计算机表示、处理、存储、传输和显示。C 语言用数据类型和数据值两个要素表示确定对象的数据。

(2) 整型是指不带小数的整数类型，整数可以表示成带符号整数和无符号整数，存储符号整数的存储单元最高位作为符号位，其他位是数据位；存储无符号整数的存储单元全部都是数据位。

(3) 短路原理：在逻辑与组成的表达式中，逻辑与运算符（&&）的左边为 0 时，系统确定该表达式值为 0，逻辑与运算符右边的表达式不计算，保持原来的值不变。

开路原理：在逻辑或组成的表达式中，逻辑或运算符（‖）的左边为 1 时，系统确定该表达式值为 1，逻辑或运算符右边的表达式不计算，保持原来的值不变。

(4) 条件运算符是三目运算符"?:"，条件表达式有 3 个表达式，表达式 1 是判断条件是否为真，表达式 2 和表达式 3 是求值表达式，条件为真执行表达式 2，条件为假执行表达式 3。

(5) 表达式是用运算符、小括号按一定的规则将运算量连接起来,能得到运算结果的式子,可将表达式简单地理解为计算的公式。

6. 分析题

(1) 字符数据的存储码为该字符的 ASCII 码,chA 的存储码 schA＝41H,chB 的存储码 schB＝62H。

整型数据的存储码为该数值的补码,iA 的存储码为 siA＝FFFFFFFFH,iB 的存储码为 siB＝FFFFH。

浮点型数据用移码存储,根据单精度浮点数的存储格式,先将单精度浮点数转换成规格化二进制数

$324.625=(101000100.101)_2=(1.01000100101*2^8)_2$

其中,符号位 s 为 0,阶码 e8 为 8,前导码 1 隐含,尾数 M23＝010 0010 0101 0000 0000 0000,移阶码为：$E=(8+7F)_{16}=(87)_{16}=(10000111)_2$

所以,单精度的存储码 sf 为

$sf=(0100\ 0011\ 1010\ 0010\ 0101\ 0000\ 0000\ 0000)_2=(43\ A2\ 50\ 00)_{16}$

双精度浮点数 324.625 转换成规格化二进制数为

$324.625=(101000100.101)_2=(1.01000100101*2^8)_2$

其中,符号位 s 为 0,阶码 e11 为 8,前导码 1 隐含,尾数 M52＝0100 0100 1010 0000 0000 0000 0000 0000 0000 0000 0000 0000 0000,移阶码为：$E=(8+3FF)_{16}=(407)_{16}=(100\ 0000\ 0111)_2$

所以,双精度的存储码 sd 为

$sd=(0100\ 0000\ 0111\ 0100\ 0100\ 1010\ 0000\ 0000\ 0000\ 0000\ 0000\ 0000\ 0000\ 0000\ 0000\ 0000)_2=(40\ 74\ 4A\ 00\ 00\ 00\ 00\ 00)_{16}$

(2) 先计算 162－'a',将字符'a'转换成整型数 97,计算结果为整型数 65,再计算'c'*2.0/'B',因为 2.0 是浮点数,字符'c'转换成浮点数 99.0 乘以 2.0 得到 198.0,将'B'转换成浮点数 66.0,计算 98.0/66.0 得到 3.0;因为加、减是同一级别,所以,计算 65＋3.0 得浮点数 68.0;计算 0.5*'b',将字符'b'转换为浮点数 98.0,计算 0.5*98.0 得 49.0;最后计算 68.0－49.0 得浮点数 19.0。编制一简短程序如下：(文件名：sy2_25.c)

```
#include <stdio.h>
main()
{
    printf("%f\n",162-'a'+'c'*2.0/'B'-0.5*'b');
}
```

编辑、编译、运行后输出结果为 19.000000。

(3) 表达式 iC＝'A'＜＝'a'＝＝'a'＞'B'由三个运算级别的运算符构成,赋值运算符的级别 15 级最低,最后计算,相等比较运算符＝＝的级别 8 级其次,不等比较运算符级别 7 级先算,根据 ASCII 码的值计算表达式'A'＜＝'a'的值,结果为 1;计算'a'＞'B'的值,结

果为 1;1 与 1 进行相等比较,结果为 1 赋给变量 iC。编制计算表达式的简单程序如下:
(文件名:sy2_26.c)

```
#include <stdio.h>
main()
{
  int iC;
  iC='A'<'a'=='a'>'B';
  printf("%d\n",iC);
}
```

(4) 表达式语句由逗号表达式和复合赋值语句,先计算逗号表达式(iX++,iX+4,iX-=2)的值,逗号表达式依次从左到右计算表达式 iX++,iX 的值为 3,表达式 iX+4 对 iX 的值没有影响,计算表达式 iX-=2,计算结果 iX 的值为 1,整个表达式的值为最后 1 个表达式的值结果 1。计算复合赋值语句 iY+=1;计算结果 iY 的值为 5。编制程序如下:(文件名:sy2_27.c)

```
#include <stdio.h>
main()
{
int iX=2,iY=4;
    iY+=(iX++,iX+4,iX-=2);
    printf("iY=%d\n",iY);
}
```

编译、运行程序,程序输出结果为 iY=5。

(5) 根据开路原理,或运算符‖的左边表达式为 1,则逻辑表达式为 1,或运算符‖的右边的表达式 iY=4 不计算,所以 iY 仍保持初值 iY=2。编制程序如下:(文件名:sy2_28.c)

```
#include <stdio.h>
main( )
{  int iX=2,iY=2,iZ;
    iZ=(iX=2)‖(iY=4);
    printf("iZ=%d\n",iZ);
}
```

编译、运行程序,程序输出结果为 iY=2,iZ=1。

2.4　数据类型与表达式实验

2.4.1　程序调试方法

1. Visual C++的出错提示信息

在 Visual C++6.0 集成开发环境下编辑、编译、调试源程序,VC 编译系统在输出窗口显示出错提示信息,根据出错提示信息,改正程序中的错误。例如,调试如下简单源程

序时,先人为设置错误中,查看编译系统的提示信息。(文件名:sy2_29.c)

```
#include <stdio.h>
main()
{
    printf("Welcome to C world! \n");
}
```

调试以上程序,设置错误,去掉 printf 语句最后的分号,系统显示出错信息:

```
E:\VC\EX1-1.c(5):error C2143:syntax error:missing';'before'}'
```

说明错误出现在第 5 句以前,错误代号 C2143,语法错误,在'}'的前面失去分号';'。

设置错误,将标识符 printf 删去 f,编译时,系统显示出错信息:

```
E:\VC\EX1-1.c(4):warning C4013:'print'undefined;assuming extern returning int
```

说明错误出现在第 4 句及之前语句,警告代号 C4013,假设为外部返回的整型函数'print'没有定义,仔细检查很快会发现是将 printf 写掉了 f。

设置错误,去掉最后的'}',编译时,系统显示出错信息:

```
E:\VC\EX1-1.c(5):fatal error C1004:unexpected end of file found
```

说明错误出现在第 5 句及其之前语句,致命错误代码 C1004,意外的文件末尾。

2. Visual C++的调试方法

用注释符将出错的语句注释,不执行,查看一下编译错误是在本行,还是在前面。例如编译如下源程序:(文件名:sy2_30.c)

```
#include <stdio.h>
main()
{
short int sA;
sA=32767;
sB=sA+1;
printf("sA=%d,sA+1=%d\n",sA,sB);
sA=-32768;
sB=sA-1;
printf("sA=%d,sA-1=%d\n",sA,sB);
}
```

编译该程序。VC 显示如下错误信息:

```
E:\VC\ex2_1_1.c(6):error C2065:'sB':undeclared identifier
```

第 6 条语句以前出错,sB 是未声明的标识符,<双击>出错信息,编辑指针指向出错的语句,用'//'注释该语句,继续编译,VC 仍显示出错信息:

```
E:\VC\ex2_1_1.c(7):error C2065:'sB':undeclared identifier
```

说明错误在前面的声明部分,没有声明变量 sB,在声明部分声明变量 sB。

3. 增加中间结果的输出

调试过程中,增加输出语句,查看中间结果的输出情况,调试正确后再去掉增加的输出语句。例如,已知电感 L 和电容 C,求谐振频率的程序:(文件名:sy2_31.c)

```
#include <stdio.h>
#include <math.h>
main()
{
    double L=2.0,C=1.0,f0;
    f0=(2*3.1415926*sqrt(L*C));        //增加查看中间结果的输出语句。
    f0=1/f0;
    printf("f0=%f",f0);
}
```

在程序中增加语句 printf("f0=%f",f0);查看输出的中间结果,中间结果不能为 0。

2.4.2　实验预习与实验报告

_____大学_____学院实验报告

课程名称:C 语言程序设计　　　实验内容:数据类型与表达式　　　指导教师:

系部:　　　　　　　　　　　专业班级:

姓名:　　　　　　　　　　　学号:　　　　　　　　　　　成绩:

一、实验目的

(1) 掌握 C 语言程序调试的方法。

(2) 掌握数据类型、变量定义和数据的存储。

(3) 掌握表达式和表达式语句的使用方法。

(4) 了解 VC++的单步执行、跟踪、执行到光标处等调试方法。

二、预习作业

1. 程序填空题:调试程序并写出输出结果(共 4 小题,每题 5 分,共 20 分)

(1) 数据类型填空:(文件名:sy2_32.c)

```
#include <stdio.h>
main()
{
    (   )iA=8,iB=5;
    printf("%d\n",iA%iB);
}
```

(2) 变量名填空:(文件名:sy2_33.c)

```
#include <stdio.h>
main()
{
    int(              );
    iC=(iB=2)&&(iA=3);
```

```
    printf("iA=%d,iC=%d\n",iA,iC);
    }
```

（3）运算符填空：输出变量 dA 的字节数。（文件名：sy2_34.c）

```
#include <stdio.h>
main()
{
    double dA=3;
    printf("%d\n",(            ));
}
```

（4）条件表达式填空：已知 iA＝4，iB＝2，将两者中的小数赋给 iC。（文件名：sy2_35.c）

```
#include <stdio.h>
main()
{
    int iA=4,iB=2,iC;
    iC=(            );
    printf("%d\n",iC);
}
```

2. 改错题（共 4 小题，每题 5 分，共 20 分）

（1）修改程序中数据数据类型的错误：输入 a，将 a 右移 2 位赋给 b，a 左移 2 位赋给 c。
（文件名：sy2_36.c）

```
#include <stdio.h>
main()
{
/*****************Found*****************/
float a,b,c;
scanf("%d",a);
b=a>>2;
c=a<<2;
printf("b=%d,c=%d\n",b,c);
}
```

（2）修改程序中强制类型转换运算符的错误：（文件名：sy2_37.c）

```
#include <stdio.h>
main()
{
    int a=6,b=4;
    float c;
/*****************Found*****************/
    c=float(a)/b;
    print("c=%d\n",c);
}
```

（3）修改程序中赋值表达式的错误：（文件名：sy2_38.c）

```
#include <stdio.h>
main()
```

```
{
/*****************Found*****************/
int a,b,c;
c=(a=2,)||(b=3;)
printf("c=%d\n",c);
}
```

(4) 修改程序中的错误:将逗号表达 a+=2,b+=3,a+b 的值赋给 c。(文件名:sy2_39.c)

```
#include <stdio.h>
main()
{  int a=1,b=2,c;
/*****************Found*****************/
c=a+=2,b+=3,a+b;
printf("c=%d\n",c);
}
```

3. 读程序写结果(共 2 小题,每题 10 分,共 20 分)

(1) 写出逻辑表达式的计算结果:(文件名:sy2_40.c)

```
#include <stdio.h>
main()
{int x=0,y=2,k;
 k=x++<=0&&!(y--<=0);
 printf("%d,%d,%d\n",k,x,y);
}
```

输出结果为:(　　　)

(2) 写出强制类型转换表达式的计算结果:(文件名:sy2_41.c)

```
#include <stdio.h>
main()
{int a=2,b=3;
 float x=3.9f,y=2.3f,r;
 r=(float)(a+b)/2+(int)x%(int)y;
 printf("%f\n",r);
}
```

输出结果为:(　　　)

4. 改写程序(共 2 小题,每题 10 分,共 20 分)

(1) 用逗号表达式改写如下程序,使得变量 x,y,z 的输出结果相同。(文件名:sy2_42.c)

```
#include <stdio.h>
main()
{int x,y,z;
 z=(x=3)&&(y=4);
 printf("x=%d,y=%d.z=%d\n",x,y,z);
}
```

（2）改写字符变量的取值范围，使输出的字符变量不产生溢出。（文件名：sy2_43.c）

```
#include <stdio.h>
main()
{
char chA='A',chB='B';
chA+=chB;
printf("chA=%d\n",chA);
}
```

5. 编程题（共 2 小题，每题 10 分，共 20 分）。

（1）输入两个整数 iX 和 iY，试编写输出 iZ=|iX−iY|值的程序。（文件名：sy2_44.c）

（2）输入一个小数位超过 4 位的浮点数，将其精确到小数点后两位。（文件名：sy2_45.c）

三、调试过程

（1）上机调试，验证预习作业的正确性。

（2）详细记录调试过程中出现的错误，提示信息。

（3）调试过程中修改解决错误的方法，目前还没有解决的问题，调试程序使用调试工具。

（4）记录程序运行的结果，思索一下是否有其他的解题方法。

（5）用学号和姓名建立文件夹，保存以上已调试的文件并上交给班长。

四、分析与总结

（1）分析实验结果，判断结果的合理性及产生的原因。

（2）总结实验所验证的知识点。

（3）写出实验后的学习体会。

第3章 顺序结构程序设计指导与实训

3.1 教材的预习及学习指导

3.1.1 教材预习指导

本章主要介绍算法的特征、算法的控制结构、算法的描述方法,结构化程序设计,C语言的基本语句、标准函数、输入/输出函数、顺序程序设计等。

第1节介绍算法及算法描述,预习时要了解算法的特征、算法的控制结构、掌握算法的描述方法。

第2节介绍了C语言的基本语句,从语言学角度介绍C语言的语句、函数等语言成分,介绍语句和函数的语法、语义和语用,完整地理解语句和函数的功能。预习的重点是基本语句,包括声明语句、空语句、复合语句、控制语句、表达式语句、函数调用语句等基本语句。

第3节主要讲输入/输出函数,介绍常用标准函数中的输入/输出函数,如格式化输入函数scanf、格式化输出函数printf、字符输入函数getchar、字符输出函数putchar。预习的重点是标准输入/输出函数scanf,printf,getchar,putchar的函数功能和使用方法。

第4节主要讲了顺序程序设计,介绍顺序程序的基本结构和常用的经典算法,预习的重点是顺序结构程序的编制方法,掌握经典算法如英文字母大小写转换算法、交换算法、分离数字算法等常用算法的理论基础和设计思想。

3.1.2 教材学习指导

1. C语言顺序结构程序设计基本概念

◎ 程序流程有顺序结构、选择结构和循环结构三种基本结构。顺序结构是最基本、最简单的程序结构,顺序结构内各语句块是按照它们出现的先后次序依次执行的控制结构。

◎ 顺序结构程序的逻辑顺序是先声明变量,再输入数据、处理数据,最后输出数据。程序中,输入输出采用标准函数调用语句,处理数据采用赋值语句,属于表达式语句。

◎ 算法是为解决某一特定问题而进行一步一步操作过程的精确描述,是有限步、可执行、有确定结果的操作序列。

◎ 算法具有可行性、确定性、有穷性、有效性、有零个或多个输入、有一个或多个输出等特点。

◎ 传统流程图:是用不同几何形状的线框、流线和文字说明来描述算法。

◎ N-S流程图:指结构化流程图,是由一系列矩形框顺序排列而成,各个矩形框只能顺序执行,每一个矩形框表示一个基本结构,矩形框内的分割线将矩形框分割成不同的部分,形成三种基本结构。

　　◎ 结构化程序设计采用工程化、规范化、模块化、结构化的设计方法。其设计思想是"自顶向下,逐步求精"。

　　◎ 结构化程序的基本特点是只有一个入口,只有一个出口,对每一个框都有一条从入口到出口的路径通过,不包含死循环。

　　◎ C程序设计语言的语法单位包括表达式、语句、标准函数、函数模块和主函数等。

　　◎ 语法是符号与符号之间的相互关系,语法是对组成语法单位的单词之间的组织规则和结构关系的定义。语法规则是语法单位的形成规则,用形式化方法规定从单词形成语法单位的一组规则。

　　◎ 语义是符号与内容之间的相互关系,语义指 C 程序中组成语法单位的单词的含义,是对描述实体数据及运算的单词及语法成分的解释。语义反映了组成语法单位的单词的内涵和外延,同时反映出语法单位的意义和功能。

　　◎ 语用是符号与人之间的相互关系,语用指在程序设计语言环境中语句等语法单位的生成与对语句的理解,研究语句等语法单位或单词在使用过程中与主观思维的相互关系。

　　◎ C 语言的基本语句包括声明语句、空语句、复合语句、控制语句、表达式语句、函数调用语句等基本语句,语句块是这些语句的集合。

　　◎ 在 C 语言中变量、数组、自定义函数等数据对象必须先定义后使用,变量等数据对象是用声明语句进行定义,声明语句是一种非操作的语句,在编译时负责分配存储空间。

　　◎ 空语句是只有一个分号组成的语句。

　　◎ 用一对{ }包括若干语句称为复合语句。复合语句由局部变量声明语句和执行语句两部分组成,局部变量声明语句一般放置在所有执行语句之前。

　　◎ 控制语句指能完成一定的程序流程控制功能的语句。C 语言包括 9 种控制语句。

　　◎ 在表达式后面加分号构成表达式语句。语法格式为<表达式>;

　　◎ 标准函数指编译系统函数库中定义的函数,函数库中的函数、类型、参数及宏分别在头文件中说明。

　　◎ 函数调用语句可以调用自定义函数,也可以调用标准函数(库函数)。

　　◎ 格式化输出函数 printf 的功能是按照指定的格式向标准输出设备输出若干个指定类型的数据。

　　◎ 格式化输入函数 scanf 的功能是按照指定的格式从标准输入设备(如键盘)输入若干个数据,并将结果存贮到变量名指定地址的内存单元中。

　　◎ 字符输入函数 getchar 的功能是从标准输入设备(如键盘)上读取一个字符。

　　◎ 字符输出函数 putchar 的功能是将变量 chA 的字符输出到标准输出设备上。

　　◎ 英文字母大小写转换算法是依据 ASCII 码表中字符排序值确定的,将大写字母转换成小写字母,加 32(20H);将小写字母转换成大写字母,减 32(20H)。

　　◎ 交换算法指交换两个变量中数据的算法。

　　◎ 分离数字算法常用于将一个 n 位数,分离成 n 个数码。

2. C 语言的标准输入/输出函数

（1）格式化输出函数 printf 函数的语法格式为 printf("输出格式",输出表列)；表 3.1.1 为 printf 函数格式符。

表 3.1.1　printf 函数格式符

格式符	说　　　明	参　　　数	输出结果
d,i	输出带符号的十进制整数（正数不输出符号）	"%d,%i",iK,iM	−1,−1
o	输出八进制无符号整数（不输出前导符 0）	"%o",iK	37777777777
x,X	输出十六进制无符号整数（不输出前导符 0x）	"%x",iK	ffffffff
u	输出无符号十进制形式整数	"%u",iK	4294967295
c	输出一个字符	"%c",chA	A
s	输出字符串	"%s",strB	Hello!
f	输出小数形式的单、双精度实数,隐含输出 6 位小数	"%f",fC	4.000000
e,E	输出指数形式的实数,数字部分隐含 6 位小数	"%e",dE	4.000000e+000
g,G	选用 f 或 e 格式中输出宽度较短的一种,不输出无意义的 0	"%g",dD	4

格式说明项以字符"%"开头,格式符结束,中间可以插入附加格式说明符。增加附加格式说明符的格式说明为

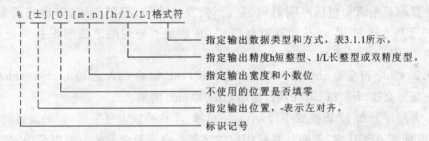

（2）格式化输入函数 scanf 函数的语法格式为 scanf("输入格式",输入地址表列)；表 3.1.2 为 scanf 函数的格式符。

表 3.1.2　scanf 函数的格式符

格式符	说　　　明	示　　　例
d,i	输入有符号的十进制整数	scanf("%d,%i\n",&iK,&iJ);
o	输入无符号的八进制整数	scanf("%o %o",&iK,&iJ);
x,X	输入无符号的十六进制整数（大小写作用相同）	scanf("%x,%X",&iK,&iJ);
u	输入无符号十进制整数	scanf("%u,%u",&uA,&uB);
c	输入单个字符	scanf("%c,%c",&chC1,&chC2);
s	输入字符串（字符型数组）	scanf("%s",iA);
f	输入实数,可以用小数形式或指数形式输入	scanf("%f,%lf",&fX,&fY);
e,E,g,G	与 f 作用相同,e 与 f,g 可以互相替换（大小写相同）	scanf("%e,%g",&fX,&fY);

附加格式说明的一般形式为：

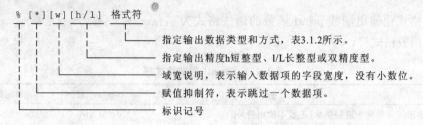

% [*] [w] [h/l] 格式符

指定输出数据类型和方式，表3.1.2所示。
指定输出精度h短整型、l/L长整型或双精度型。
域宽说明，表示输入数据项的字段宽度，没有小数位。
赋值抑制符，表示跳过一个数据项。
标识记号

3.2　分　析　方　法

3.2.1　案例分析

顺序结构程序设计的案例分析中，主要讨论比较典型的教学案例，涉及语法知识、存储和操作过程分析、算法分析、编程方法和数据的输入/输出等教学内容。

1. 语法知识

C 语言的基本语句包括声明语句、空语句、复合语句、控制语句、表达式语句、函数调用语句等基本语句，本章不涉及控制语句，其他基本语句的语法知识在例题中可以涉及。

例 3.2.1　字符变量 chB 输入一个字符'U'，chB 赋给 chA 后加 1；chA＝chA＋14；即 chA＝'c'；交换 chA 和 chB 的值，输出 chA 和 chB 的值。

解　大写字母加 32 转换成小写，小写字母减 32 转换成大写字母，如果加减的值不是32，则可以查阅 ASCII 表，判断计算后相应的字符。两字符变量的值可以交换，交换算法可以采用异或方式计算实现数据的交换，编制程序如下，并在右边注释。

```
# include <stdio.h>              //包含标准输入输出头文件；
main()                          //主函数；
{                               //函数体开始；
  char chA,chB;                 //声明语句,声明字符变量 chA,chB;
  printf("Enter a char:");      //调用标准输出函数显示提示信息；
  chB=getchar();                //赋值语句和函数调用语句,输入字符'U';
  chA=chB++;                    //表达式语句 chA='U';chB='V';chB=56H;
  ;                             //空语句；
  chA=chA+14;                   //表达式语句(赋值语句)chA='c';chA=63H;
  {                             //复合语句,交换算法,采用内存操作法；
    chA=chA^chB;                //chA=63H^56H=35H;
    chB=chA^chB;                //chB=35H^56H=63H;
    chA=chA^chB;                //chA=35H^63H=56H;
```

```
    }                              //实现 chA 和 chB 交换；
    putchar(chA);                  //输出函数调用语句；
    printf("%c\n",chB);            //输出函数调用语句；
}                                  //主函数结束。
```

编译、运行程序输出结果如下：Vc。

2. 存储和操作过程

例 3.2.2 已知字符变量 chA='C';，整型变量 iB=118;，将 chA+32,iB-32,用加减方法交换两变量中的数据，编程输出 chA 和 iB。

解 数据以二进制数存入内存，内存中的数据不再具有类型属性，可以作为数值计算，可以通过操作过程交换两个变量的值。可以以字符的形式输出，编制程序如下：

```
#include <stdio.h>              //包含标准输入输出头文件；
main()                          //经典 C 主函数头部
{                               //函数体开始；
    char chA='C';               //声明字符变量 chA,初值为'C',存储 43H；
    int iB=118;                 //声明整型变量 iB,初值为 118,存储 76H；
    chA=chA+32;                 //赋值语句，将大写转换成小写,chA='c'；
    iB=iB-32;                   //赋值语句，存储 iB=56H；
    {                           //复合语句，交换算法通过加、减运算实现数据交换；
      chA+=iB;                  //chA=63H+56H=B9H；
      iB=chA-iB;                //iB=B9H-56H=63H；
      chA-=iB;                  //chA=B9H-63H=56H；
    }                           //用加减法实现数据交换；
    printf("%c%c\n",chA,iB);    //输出函数调用语句。
}
```

编译、运行程序，输出结果为：Vc。

3. 数字的分离与组合

例 3.2.3 已知整型变量 iA=-1,无符号整型变量 uB=0xBEBDBCBB,将 iA 减去 uB 后的值，按二位十六进制数一个值输出字符型数据，试编制源程序。

解 整型变量 iA=-1;存储的是 FFFF FFFF 减去无符号数 uB 的值后，iA 存储的值是 0x41424344,利用位移和位与运算分离出 44、43、42、41,输出 A、B、C、D,编制程序如下：

```
#include <stdio.h>
main()
{   char chA,chB,chC,chD;
    int iA=-1;
    unsigned uB=0xBEBDBCBB;
    iA-=uB;
    chD=iA&0x000000FF;
```

```
        iA=iA>>8;chC=iA&0x000000FF;
        iA=iA>>8;chB=iA&0x000000FF;
        iA=iA>>8;chA=iA&0x000000FF;
        printf("chA=%c,chB=%c,chC=%c,chD=%c\n",chA,chB,chC,chD);
    }
```

编译、运行程序输出结果为：chA＝A，chB＝B，chC＝C，chD＝D。

4. 编程方法解二元一次方程

例 3.2.4　已知某项目获奖 2000 元，项目由甲乙两人完成，甲是项目负责人，甲获得的 1/6 与乙获得 1/4 共有 400 元，编程求甲乙两人各得多少元。

解　设甲为 x，乙为 y，建立二元一次方程组，解方程的算法如表格左边所示，编制源程序如表格右边所示。

数　学　方　程	源　　程　　序
$x+y=2000$	`#include <stdio.h>`
$x/6+y/4=400$	`main()`
整理方程得：	`{`
$x+y=2000$　　　　　　(1)	`    int x,y;`
$2x+3y=4800$　　　　　(2)	`    y=(4800-2000*2);`
(2)－(1)＊2 得：	`    x=2000-y;`
$y=(4800-2000*2);$	`    printf("x=%d,y=%d",x,y);`
$x=2000-y;$	`}`
$x=1200,y=800$	`x=1200,y=800`

5. 数据的输入输出

数据是通过调用标准输入/输出函数实现数据的输入/输出。常用格式化输入函数 scanf、格式化输出函数 printf、字符输入函数 getchar、字符输出函数 putchar 进行数据的输入/输出，格式化输入函数 scanf 与字符输入函数 getchar 在输入数据时有很多不同的地方，scanf 是按照输入格式输入数据，输入格式的字符内容要照写。例如，输入格式为"a＝%d"，输入 a 的值 2，执行程序输入数据时，输入 a＝2，不能只输入 2。输入数据时空白符作为数据之间的分隔符。getchar()函数没有参数，只能输入一个字符，空白符、回车等都是字符。printf 函数按照输出格式输出数据，putchar，在屏幕上输出一个字符。

例 3.2.5　分别用 scanf 输入字符 C 和数据 67，用 printf 函数输出 C&C♯，用 getchar()函数输入回车和三个字符 abc，用 putchar 函数输出字符回车和 a，用 printf 函数输出 bc。试编写程序，并分析输出结果。

解　按照题目要求编制程序如下：

```
    #include <stdio.h>
    main()
    {
        char chA,chB='&',chC=67,chD='#';          //声明字符变量并赋初值;
```

```
    int iC;                                     //声明整型变量;
    scanf("%c%d",&chA,&iC);                     //输入字符变量和整型变量的值;
    printf("%c%c%c%c\n",chA,chB,iC,chD);        //输出字符 C&C#;
    chA=getchar();                              //读入 scanf 函数最后输入的回车;
    chB=getchar();                              //读入字符 a;
    chC=getchar();                              //读入字符 b;
    chD=getchar();                              //读入字符 c;
    putchar(chA);                               //输出 scanf 函数的回车;
    putchar(chB);                               //输出字符 a;
    printf("%c%c\n",chC,chD);                   //输出字符 bc。
}
```

编译、运行程序,输入如下数据:

```
    C 67↙                                       //C 与 67 之间用分隔符空格隔开;
    C&C#                                        //屏幕显示信息;
    abcd↙                                       //输入字符 abcd;

                                                //输出回车;
    abc                                         //输出读入的字符 abc。
```

3.2.2　算法分析

顺序结构程序设计中,程序的语句是依次执行的,不存在选择语句和循环语句。程序语句的逻辑顺序清楚明晰、结构简单、层次分明。程序由数据输入、数据处理和数据输出三个步骤构成,一般使用赋值语句处理数据,得出计算结果。

常用的编程方法分为两类:一类是模型法,另一类是经典法。模型法是将实体抽象成模型,建立数学模型,使用数值分析方法求解数学模型,编写算法和程序这样一个程序开发过程。例如我们日常使用的日光灯,抽象成由电阻、电感、电容和电源组成的电路,根据开闭定律,写出数学方程,通过数值分析方法如插值法或差分法,将数学方程离散,写成适合计算机计算的算法,编制成程序。经典法是一种直接编写算法的程序开发过程,经典法直接使用由科学家证明了的数学公式、物理公式和其他公式,将这些公式直接转换成算法,例如使用海伦公式计算三角形面积。经典法直接利用数据内在的规律性,编写算法,例如字符大小写的转换。经典法根据计算机处理数据的特点,编写算法,例如根据数据在内存中操作的特点,编写的交换算法。用程序设计语言表示算法,编制源程序。

顺序结构的经典算法是一些简单,直接处理或计算的算法,包括一些数学、物理公式,例如用海伦公式计算三角形面积,交换算法,字符大小写的转换,分离数字算法等内容,下面列举顺序结构经典算法的案例。

1. 海伦公式计算三角形面积

例 3.2.6　已知三角形的三条边 a,b,c,试求三角形 ABC 面积 s.

解　按照程序逻辑顺序,先输入三角形三条边的长度,再根据海伦公式 $p=(a+b+c)/2.0$;;

s＝sqrt(p＊(p－a)＊(p－b)＊(p－c));,计算三角形面积,最后输出三角形面积的计算结果。编制程序如下:

```
#include <stdio.h>
#include <math.h>
main()
{
    double a=3.0,b=4.0,c=5.0,p,s;
    p=(a+b+c)/2.0;
    s=sqrt(p* (p-a)* (p-b)* (p-c));
    printf("s=% f\n",s);
}
```

编译、运行源程序,输出结果为:s＝6.000000。

2. 计算两个连续的三角数

例 3.2.7 三角数是满足 $T_m=m*(m+1)/2; m=1,2,3,\cdots$ 的数,例如 1,3,6,10,15,$\cdots$,输入一个三角数 10,求下一个相邻的三角数 Tn,计算相邻两个三角数之和所对应的平方数 Ts。

解 输入一个三角数 Tm,计算出 $(m+1)^2-(m+1)-2Tm=0$,解方程 $n^2-n-2Tm=0$,根据求根公式取正根,$n=(1+sqrt(1+4*2*Tm))/2.0$;,输入 Tm＝10,可得 $n=(m+1)=5$。根据三角数公式,计算相邻的三角数,$T_n=T_m+(m+1)=10+5=15$。计算两相邻三角数的平方数:

$$Ts=sqrt(T_n+T_m)=sqrt(15+10)=5$$

根据以上公式,编制程序如下:

```
#include <stdio.h> .
#include <math.h>
main()
{   int Tm;
    double n,Tn,Ts;
    scanf("%d",&Tm);
    n=(1+sqrt(1+4* 2* Tm))/2.0;
    Tn=Tm+n;
    Ts=sqrt(Tn+Tm);
    printf("n=% f,Tn=% f,Ts=% f\n",n,Tn,Ts);
}
```

编译、运行源程序,输入 Tm＝10,输出结果为:n＝5.000000,Tn＝15.000000,Ts＝5.000000。

3. 统计学生成绩的简单算法

例 3.2.8 已知学生王涛本学期的成绩为:英语 e＝76,高数 m＝92,物理 p＝82,C 语言 c＝84,数据库 d＝86,试编写程序求该学生的总分 s 和平均分 a。

解　按照程序逻辑顺序,先输入学生王涛的各门成绩,采用声明变量时赋初值的方法比较简单,再计算学生各门成绩的总分,平均分,最后输出学生成绩,编制程序如下:

```
#include <stdio.h>
main()
{   int e=76,m=92,p=82,c=84,d=86;
    double s,a;
    s=(e+m+p+c+d);
    a=s/5;
    printf("s=%f,a=%f\n",s,a);
}
```

编译、运行程序,输出结果为:s=420.000000,a=84.000000。

4. 计算职工工资的简单算法

例 3.2.9　某商场营业员工资 wage 的计算方法是:每月 300 元的基本工资加该月总销售额 salary 的 8.5% 提成。要求编一程序,输入某营业员的月总销售额 salary,计算并输出该营业员的月工资 wage。

解　按照程序逻辑顺序,先声明变量 salary、wage,用 printf 函数显示输入数据的提示信息,用 scanf 标准函数输入当月的总销售额 salary,再计算月收入 wage＝300＋salary * 8.5%;,然后输出月工资 wage。编制程序如下:

```
#include <stdio.h>
main()
{   float ts,wage;
    printf("Enter total sales:");
    scanf("%f",&ts);
    wage=300+0.085*ts;
    printf("wage=%5.2f\n",wage);
}
```

编译、运行程序,屏幕显示如下信息:

```
Enter total sales:3500↙
wage=597.50
```

5. 控制数据精度的算法

例 3.2.10　测量一矩形地块,已知长 a＝2.4678,宽 b＝4.3321,将两数精确到小数点后两位后,计算这块地的面积 s。

解　根据程序的逻辑顺序,在变量声明时赋初值输入数据,将两个数据精确到小数点后两位,再计算地块的面积,然后用 printf 输出地块的面积。编制程序如下:

```
#include <stdio.h>
main()
{   double a=2.4678,b=4.3321,s;
    a=(int)(a*100+0.5)/100.0;
```

```
    b=(int)(b*100+0.5)/100.0;
    s=a*b;
    printf("s=%5.2f\n",s);
}
```

编译、运行程序输出结果为:s＝10.70。

3.3　习题与解答

3.3.1　练习题

1. 判断题（共 10 小题，每题 1 分，共 10 分）

(1) 算法是指计算方法，是数值分析的一种分析方法。　　　　　　　　（　　）

(2) 结构化流程图是用于描述结构化程序的算法，传统流程图是描述非结构化程序的算法。　　　　　　　　　　　　　　　　　　　　　　　　　　　　　　（　　）

(3) 结构化程序只有一个入口，可以有多个出口，不包含死循环。　　　（　　）

(4) 语法是符号与符号之间的相互关系，语义是符号与内容之间的相互关系。

　　　　　　　　　　　　　　　　　　　　　　　　　　　　　　　　（　　）

(5) 在 C 语言中变量、数组、自定义函数等数据对象必须先定义后使用。（　　）

(6) 表达式与语句的差别在于语句是以分号结束，表达式没有分号。　　（　　）

(7) 编译预处理命令不是 C 语句，变量声明是 C 语句。　　　　　　　（　　）

(8) xcanf 和 printf 语句的附加格式控制完全相同。　　　　　　　　（　　）

(9) getchar 的功能是将变量 chA 的字符输出到标准输出设备上。　　（　　）

(10) 英文字母大小写转换算法是依据 ASCII 码表中字符排序值确定的。（　　）

2. 单选题（共 10 小题，每题 2 分，共 20 分）

(1) 已知 i＝4294967295，执行 C 语句 printf("%i",i);输出的结果是（　　）。
　　A. −1　　　　　　B. 4294967295　　C. ffff ffff　　　　D. 错误信息

(2) 已知 iK＝4294967295，执行 C 语句 printf("%x",iK);输出的结果是（　　）。
　　A. −1　　　　　　B. 4294967295　　C. ffff ffff　　　　D. 37777777777

(3) 已定义变量 iK，执行 C 语句 scanf("iK=%o",&iK);输入的数据应该是（　　）。
　　A. 46　　　　　　B. 046　　　　　　C. iK＝0x46　　　D. iK＝46

(4) 已定义变量 iK，执行 C 语句 scanf("iK=%u",&iK);输入的数据应该是（　　）。
　　A. iK＝0x46　　　B. iK＝−46　　　C. 46　　　　　　D. −46

(5) 已定义 double　d＝−1;执行 C 语句 printf("d=%d",d);输出的结果是（　　）。
　　A. d＝0　　　　　B. d＝−1　　　　C. d＝ffff ffff　　D. d＝1.0

(6) 已定义 float　f＝−1;执行 C 语句 printf("f=%f",f);输出的结果是（　　）。
　　A. f＝0　　　　　　　　　　　　　B. f＝−1.000000
　　C. f＝ffff ffff　　　　　　　　　　D. f＝1.000000

(7) 以下正确使用格式化输入函数 scanf 的语句是(　　　)。

  A. scanf("%f",3.5);　　　　　　　B. scanf("a=%d,b=%d")'

  C. scanf("%f",&f);　　　　　　　D. scanf("%4.2f",&f);

(8) C 语句:printf("%d",(a=2)&&(b=-2);的输出结果是(　　　)。

  A. 无输出　　　　B. 0　　　　　C. -1　　　　D. 1

(9) 已定义 int x=1,y=-1,则语句 printf("%d\n",x--&&++y);的输出结果是(　　　)。

  A. 1　　　　　　B. 0　　　　　C. -1　　　　D. 2

(10) 执行 C 语句:printf("%d\n",16&016);的输出结果是(　　　)。

  A. 16　　　　　B. 06　　　　　C.012　　　　D. 016

3. 填空题(共 10 小题,每题 2 分,共 20 分)

(1) 程序流程包括顺序结构、(　　　　　)和(　　　　　)三种基本结构。

(2) 顺序结构程序的逻辑顺序是先(　　　　　　　　),再输入数据、处理数据,最后(　　　　　　　)。

(3) 在 C 语言中。赋值符是一种(　　　　)符,赋值语句属于(　　　　　)语句。

(4) 结构化程序设计采用工程化、规范化、(　　　　　)、结构化的设计方法。其设计思想是"自顶向下,(　　　　　　　　)"。

(5) 语法是对组成语法单位的(　　　　　)之间的组织规则和(　　　　　)的定义。

(6) 语用是(　　　　　　)与人之间的相互关系,语用指在程序设计语言环境中语句等(　　　　　)单位的生成与对语句的理解。

(7) C 语言的基本语句包括声明语句、(　　　　)、(　　　　)、控制语句、表达式语句、函数调用语句等基本语句。

(8) (　　　　　)语句是一种非操作的语句,在编译时负责分配(　　　　　)。

(9) 复合语句由(　　　　　)语句和(　　　　　)语句两部分组成。

(10) 函数调用语句用来调用(　　　　　)函数以及调用(　　　　)函数。

4. 输入/输出格式符和附加格式符解释(共 10 小题,每题 1 分,共 10 分)

(1) i:　　　　　　　　　　　　(2) d:

(3) o:　　　　　　　　　　　　(4) x:

(5) u:　　　　　　　　　　　　(6) c:

(7) s:　　　　　　　　　　　　(8) f:

(9) W:　　　　　　　　　　　　(10) m.n:

5. 简答题(共 5 小题,每题 4 分,共 20 分)

(1) 什么叫算法? 算法具有哪些特点?

(2) 什么叫传统流程图? 什么叫结构化流程图?

(3) 语言学的语法、语义和语用分别是指符号与哪些对象的相互关系?

(4) printf 函数的"输出格式"由哪些成分构成?

(5) 什么叫标准函数?

6. 分析题(共 5 小题,每题 4 分,共 20 分)

(1) 分析大小写字符、数字之间的相互关系。

例 3.3.1 已知字符变量 chA='U';chB=chA-32;chC=chA+32;试编程求 chB 和 chC 的值。

```
#include <stdio.h>
main()
{
  char chA='U',chB,chC;
  chB=chA-32;
  chC=chA+32;
  printf("chB=%c,chC=%c\n",chB,chC);
}
```

解

(2) 分析下列程序中不是交换算法的语句块。

例 3.3.2 已知整型变量 a=24,b=36,分别判断语句块 A、语句块 B、语句块 C、语句块 D 是否为交换算法。

语句块 A	语句块 B	语句块 C	语句块 D

`#include <stdio.h>`
`main()`
`{`
`  int a=24,b=36,t;`
`  { t=a++;`
`a=b++;`
`b=t; }`
`printf("a=%d,b=%d",a,b);`
	`#include <stdio.h>`
	`main()`
	`{`
	`  int a=34,b=36;`
	`  { a+=b;`
	`      b=a-b;`
	`      a-=b; }`
	`printf("a=%d,b=%d",a,b);`
	`}`
		`#include <stdio.h>`
		`main()`
		`{`
		`  int a=34,b=36;`
		`  { t=++a;`
		`      a=++b;`
		`      b=t; }`
		`printf("a=%d,b=%d",a,b);`
		`}`
			`#include <stdio.h>`
			`main()`
			`{`
			`  int a=34,b=36;`
			`  { a=a^b;`
			`      b=a^b;`
			`      a=a^b; }`
			`printf("a=%d,b=%d",a,b);`
			`}`

a=36,b=24	a=36,b=24	a=37,b=25	a=36,b=24

解

(3) 分析下面数字的分离与组合。

例 3.3.3 将两个两位数的正整数 a=41,b=23 合并形成一个四位整数放在 c 中,将 a 数的个位数和十位数依次放在 c 数的千位和个位上,b 数的十位和个位数依次放在 c 数的百位和十位上。输出的结果为 c＝1234。

```
#include <stdio.h>
main()
{
int a=41,b=23,c;
c=(a%10)*1000+(b/10)*100+(b%10)*10+a/10;
printf("c=%ld\n",c);
}
```

解

（4）分析整数的存储与输出。

例 3.3.4　无符号变量 chA＝0x89ABCDEF；，有符号变量 chB＝016625031020，将 chA 与 chB 相加后，结果赋给 chC，分别用输出格式控制符％d，％u，％o，％x，输出变量 chC 的值。

```
#include <stdio.h>
main( )
{
  unsigned chA=0x89ABCDEF;
  int chB=016625031020,chC;
  chC=chA+chB;
  printf("%d,%u,%o,%x\n",chC,chC,chC,chC);
}
```

解　.

（5）分析字符的输入输出。

例 3.3.5　用 getchar()函数输入三个字符，试编写程序，运行程序时输入 a 空格 b 空格 c 回车后，试分析输出的结果。

```
#include <stdio.h>
main()
{  int ch1,ch2,ch3;
   ch1=getchar();ch2=getchar();ch3=getchar();
   putchar(ch1);
   printf("%c,%c\n",ch2,ch3);
}
```

解

3.3.2 习题答案

1. 判断题

(1) F (2) F (3) F (4) T (5) T (6) T (7) T (8) F (9) F (10) T

2. 单选题

(1) A (2) C (3) D (4) B (5) A (6) B (7) C (8) D (9) B (10) B

3. 填空题

(1) 选择结构、循环结构   (2) 声明变量、输出数据

(3) 运算、表达式   (4) 模块化、逐步求精

(5) 单词、结构关系   (6) 符号、语法

(7) 空语句、复合语句   (8) 声明、存储空间

(9) 局部变量说明、执行   (10) 自定义、标准

4. 输入/输出格式符和附加格式符解释

(1) i：输入/输出有符号的十进制整数

(2) d：输入/输出有符号的十进制整数

(3) o：输入/输出无符号的八进制整数

(4) x：输入/输出无符号的十六进制整数

(5) u：输入/输出无符号十进制整数

(6) c：输入/输出单个字符

(7) s：输入/输出字符串（字符型数组）

(8) f：输入/输出实数，可以用小数形式或指数形式输入

(9) W：scanf 的附加格式符，域宽说明，表示输入数据项的字段宽度

(10) m.n：printf 的附加格式符，指定输出宽度和小数位

5. 简答题

(1) 算法是为解决某一特定问题而进行一步一步操作过程的精确描述，是有限步、可执行、有确定结果的操作序列。

算法具有可行性、确定性、有穷性、有效性、有零个或多个输入、有一个或多个输出等特点。

(2) 传统流程图是用不同几何形状的线框、流线和文字说明来描述算法。结构化流程图是由一系列矩形框顺序排列而成，各个矩形框只能顺序执行，每一个矩形框表示一个基本结构，矩形框内的分割线将矩形框分割成不同的部分，形成三种基本结构。

(3) 语法是符号与符号之间的相互关系，语义是符号与内容之间的相互关系，语用是

符号与人之间的相互关系。

（4）"输出格式"是用双引号括起来的字符串和格式说明符,字符串是普通字符,输出时按照原样输出指定的字符。字符串中包括可打印的字符和不可打印的转义字符两种。格式说明符,由％和格式符组成,如％f,％d 等,其作用是指定输出数据的格式,格式说明总是由％字符开头,可以在格式符前加附加格式符。

（5）标准函数指编译系统函数库中定义的函数,函数库中的函数、类型、参数及宏分别在头文件中说明。

6. 分析题

（1）查阅 ASCII 表,字符 U 的 ASCII 码值为 85,chB＝85－32＝53,chC＝85＋32＝117,查阅 ASCII 表可知 53 表示字符'5',117 表示字符'u'。编制程序如下:

```
#include <stdio.h>
main()
{
    char chA='U',chB,chC;
    chB=chA-32;
    chC=chA+32;
    printf("chB=%c,chC=%c\n",chB,chC);
}
```

编译、运行程序输出结果如下:chB＝5,chC＝u。

（2）语句块 A 中虽然有 a＋＋后置自增运算,其值被 b 覆盖,b＋＋运算后,其值被 t 覆盖,结果仍然实现 a,b 之间的数据交换。语句块 B 和语句块 D 是教材上介绍的典型交换算法,语句块 C 中的＋＋a 前置自增,先将 a 的值加 1 后赋给 t,＋＋b 前置自增运算加 1 后赋给 a,使得 a,b 的数值均加 1,已不是交换算法。

（3）先将 a 的十位和个位分离出来,十位 a/10,个位 a％10,然后合并到 c 中,a 的个位 a％10 放在 c 的千位(a％10)＊1000,a 的十位 a/10 放在 c 的个位,b 的十位和个位分别放在 c 的百位和十位上,即(b//0)在百位,(b％10)在十位,合并的 c＝(a％10)＊1000＋(b//0)＊100＋(b％10)＊10＋a/10;。

编译、运行程序输出结果为:c＝1234。

（4）因为 chB＝016625031020＝0x76543210。计算表达式语句 chC＝chA＋chB;,得到:chC＝FFFF FFFF,对于不同的输出格式,同一数据输出的形式不同,编制程序如下:

```
#include <stdio.h>
main()
{
    unsigned chA=0x89ABCDEF;
    int chB=016625031020,chC;
    chC=chA+chB;
    printf("%d,%u,%o,%x\n",chC,chC,chC,chC);
}
```

编译、运行程序输出结果为：−1,4294967295,37777777777,ffffffff。

存储码为 FFFF FFFF,输出十进制数为−1,输出无符号数为 32 位最大数 4294967295,输出八进制数是将 32 位 1 按 3 分配位一分节,得 37777777777,输出十六进制数为 ffffffff。

（5）编译、运行程序输入 a 空格 b 空格 c 回车后,屏幕输出 a □,b。

因为输入的空格和回车都是一个字符,实际输入的三个字符为 a 空格 b。

3.4　顺序结构程序设计实验

3.4.1　顺序结构程序设计

前面两章的实验主要是从使用 C 集成开发环境入手,介绍编程工具的使用方法,引导学生掌握编辑、编译、调试、运行 C 程序,通过编译、调试程序,掌握查错和排错等调试程序的方法。从本章开始,实验的重点转到程序设计的方法上来,程序的控制结构包括顺序结构、分支结构和循环结构三类。顺序结构是程序按语句排列的顺序依次执行的控制结构。顺序结构是程序使用最多的控制结构,顺序结构模块中执行语句的逻辑顺序是按照语句出现的先后依次执行语句,先出现的语句先执行,执行语句的层次清楚、结构明晰。

顺序结构程序设计的控制结构虽然简单,但其重要性是其他控制结构不可替代的。顺序结构按语句顺序依次对数据进行处理,易于由浅入深地组织处理数据的模块,有效地组织模块功能和执行次序。对于不出现条件判断或重复执行的程序块可以采用顺序结构编程。下面分别介绍用顺序结构组织的程序类型。

1. 字符数据

字符数据按字符在 ASCII 码表中的位置和值定义内码,存储的字符数据是 ASCII 码的值,称为存储码。字符'A'的值,存储为 41H（十进制数为 65）,与整形数 65 的存储码完全相同,存储码没有字符类型的特征,既可输出为字符'A',也可输出为十进制数 65,由输出格式控制符决定。

根据 ASCII 码表中字符的位置,\0 位于 ASCII 码的最开头的位置,值为 0。字符'0'~'9'的 ASCII 码值为 30H（48）~39H（57）,因此,一个字符转换成数值应该用该字符减去'0',例如,'6'−'0'=36H−30H=6H,这是字符到数值的转换。大写字母'A'和小写字母'a'的 ASCII 码值分别为 41H（65）、61H（97）,两者在 ASCII 码表上的位置相差 20H（32）,因此,任一大写字母如 D 加 32 可以转换成小写字母 d,小写字母 d 减 32 转换成大写字母 D。

案例分析中的例 3.2.1、例 3.2.2,练习题的例 3.3.1 都是利用 ASCII 码值的位置关系分析字符的运算和转换。

操作要求：调试例 3.2.1、例 3.2.2、例 3.3.1 的程序,分析 C 语言的字符处理方法。

2. 交换算法

交换算法是利用数据在内存中操作的过程,实现两个数值的交换,可以用多种方法实现交换算法,典型是用复合语句{t＝a;a＝b;b＝t}实现交换。下图是复合语句的交换操作示意图。通过变量 t 保存 a 的数据,a＝b;b 覆盖了 a,a 的值保存在 t 中,b＝t;t 的值覆盖了 b 的值,实现了数据交换。

交换算法	t=a;	a=b;	b=t;
```#include <stdio.h> main( ) { int a=24,b=36;t; { t=a; a=b; b=t; } printf("a=%d,b=%d",a,b); }```	a[24] b[36] t[24] t=a;	a[36] b[36] t[24] a=b;	a[36] b[24] t[24] b=t;

案例分析的例 3.2.1 采用异或运算实现 chA 和 chB 的交换,例 3.2.2 采用加、减运算实现数据交换。练习题的例 3.3.2 也是分析交换算法。

操作要求:调试例 3.2.1、例 3.2.1、例 3.3.2 的程序,分析 C 语言的交换算法。

3. 分离数字算法

分离数字法包括十进制数的分离数字法、十六进制数的分离数字法、精确到小数点几位算法,其中十进制数的分离数字法采用整除、求余等方法分离数字,例 3.3.3 题,十六进制数的分离数字法采用位移方法,例 3.2.3 题,精确到小数点后几位的算法,例 3.10 题。

操作要求:调试例 3.2.3、例 3.2.10、例 3.3.3 的程序,分析 C 语言的分离数字算法。

4. 应用公式算法

公式应用算法包括求根公式,解二元一次方程见例 3.2.4,海伦公式计算三角形的面积等,计算两个连续的三角数见例 3.2.6。解二元一次方程,见例 3.2.7。

操作要求:调试例 3.2.4、例 3.2.6、例 3.2.7 的程序,分析 C 语言的应用公式算法。

5. 统计算法

统计算法使用求和、求均值,例 3.2.8,求工资数,例 3.2.9。

操作要求:调试例 3.2.8、例 3.2.9 的程序,分析 C 语言的统计算法。

3.4.2　实验报告

＿＿＿＿＿＿大学＿＿＿＿＿＿＿学院实验报告

课程名称:C语言程序设计　　实验内容:顺序结构程序设计　　指导教师:

系部:　　　　　　　　　　专业班级:

姓名:　　　　　　　　　　学号:　　　　　　　　　　成绩:

一、实验目的

（1）掌握赋值语句、表达式语句、函数调用语句、复合语句、空语句的使用方法。

（2）掌握输入/输出函数的格式及格式符的使用。

（3）掌握数据的输入、存储、输出之间的关系。

（4）掌握顺序程序设计的逻辑顺序,掌握顺序结构的常用算法。

二、预习作业（每小题 5 分,共 40 分）

1. 程序填空题（试在括号中填入正确的答案,并上机验证程序的正确性）

（1）输入大写字符 A,则输出为(65,a)。

```
(            )
main()
{(          )
Chr=(ch=getchar())<'Z'+1  ?   ch+32:ch-32;
putchar(ch+2);
printf("%d,%c\n",ch,chr);
}
```

（2）已知变量 a＝80000,b＝60000,输出二数据之和 c,与二数之差 d。

```
#include<stdio.h>
main()
{  (        )  a=80000,b=60000,c,d;
(      )=(a-b,a+b);
(      )=(a+b,a-b);
 printf("%ld %ld\n",c,d);
}
```

2. 程序改错并上机调试运行

（1）对下列程序中更换位运算符或逻辑运算符,能使变量 d,e 的结果为零。

```
#include<stdio.h>
main()
{  int a=8,b=2,c=3,d,e;
```

```
/********** found**********/
  d=(a%c  &  a%c);
  e=a/c-b‖c++;
  printf("%d,%d\n",d,e);
}
```

（2）试修改程序中的错误。

```
#include <stdio.h>
main()
{  int a,b,c;
/********** found**********/
  scanf("%d,%d",a,b);
  a+=b+=c;
  b=a<b? a=b<c? b=c
  printf("%d,%d\n",a,b);
}
```

3. 读程序写结果并上机验证其正确性

（1）变量 a,b,c,d 如下,分别输出各种类型的变量 a,输出表达式 c+a,d−32 的值。

```
#include <stdio.h>
main()
{  int a=-1,b=2;
   char c='D',d='b';
   b=b+c;
   printf("%d,%u,%o,%x\n",a,a,a,a));
   printf("%c,%c\n",c+a,d-32));
}
```

（2）运行程序后输入 B 空格 o 空格 y 回车后输出结果是（　　）。

```
#include <stdio.h>
main()
{  int ch1,ch2,ch3;
   ch1=getchar();ch2=getchar();
   scanf("%c",ch3);
   putchar(ch1);putchar(ch2);
   Printf("%c\n",ch3));
}
```

4. 编程题

（1）给变量 abc 输入一个 3 位数,请编程分离出这个数的百位、十位、个位,分别赋给变量 a,b,c,输出 a,b,c 的值。

（2）输入一个四位小数的浮点数,如 16.4572,试编程将该数精确到小数点后的二位。

三、调试过程（调试记录 10 分、调试正确性 10 分、实验态度 10 分）

（1）上机调试,验证预习作业的正确性。

（2）详细记录调试过程中出现的错误，提示信息。

（3）调试过程中修改解决错误的方法，目前还没有解决的问题，调试程序使用调试工具。

（4）记录程序运行的结果，思索一下是否有其他的解题方法。

（5）用学号和姓名建立文件夹，保存以上已调试的文件并上交给班长。

四、分析与总结（每个步骤 10 分，共 30 分）

（1）分析实验结果，判断结果的合理性及产生的原因。

（2）总结实验所验证的知识点。

（3）写出实验后的学习体会。

第4章 选择结构程序设计指导与实训

4.1 教材的预习及学习指导

4.1.1 教材预习指导

本章主要介绍选择结构程序设计和用 if-else 语句构成选择结构,包括 if 语句、if-else 语句、if-else-if 语句等。介绍用 switch-case 语句构成的多选一选择结构。

第 1 节讲了 if 语句构成的选择结构,介绍由 if 语句构成的二选一选择结构,if 语句由 "if(表达式)语句块 A;"构成,如果条件为真执行语句块 A,否则什么也不做,或者执行语句块 B。可以组成单边 if 语句、双边 if 语句、if-else-if 语句及 if 语句的嵌套。预习的重点是单边 if 语句、双边 if 语句和 if-else-if 语句的操作流程和编程方法。

第 2 节介绍了 switch-case 语句构成的选择结构,switch(表达式)-case 常量表达式:语句块,当表达式与 case 的常量表达式相匹配时,执行 case 语句块,当 case 的语句块中包含 break;语句时,执行完 case 的语句块后,退出 switch-case 语句,当 case 的语句块中不包含 break;语句时,继续执行下一 case 语句。当 switch 的表达式不与任何 case 语句匹配,则与 default 语句匹配,default 语句可以前移,放在其他 case 语句之前。

第 3 节编译预处理,编译预处理命令用"#"引导,包括宏定义、文件包含处理和条件编译三种形式。可以在源代码中插入预定义的环境变量,打开或关闭某个编译选项等。

4.1.2 教材学习指导

1. C 语言选择结构程序设计基本概念

◎ 选择结构用表达式作为判断的条件,通过计算表达式的值得出判断结果,根据判断的结果决定执行指定的程序块,控制程序的流程。

◎ 选择的方式分为二选一和多选一,二选一用 if-else 语句构成选择结构,包括单边 if 语句、双边 if-else 语句和 if-else-if 语句等。多选一用 switch-case 语句构成选择结构。

◎ 单边 if 语句是指不带 else 的 if 语句。如果表达式为真(非 0),执行语句块,表达式为假(为 0)什么也不做。

◎ if 语句的表达式表示条件,合法的 C 语言表达式均可,通常为关系表达式或逻辑表达式,表达式两边的括号必不可少,语句块可以看成是一条简单语句或者是复合语句。

◎ 双边 if 语句是指 if-else 语句,如果表达式为真(非 0),执行语句块 A,表达式为假(为 0),执行语句块 B。

◎ if 语句的嵌套指在 if 语句的任意一条分支中,语句块仍是一条 if 子语句。If 子语句可以嵌套在 if 语句块中,也可以嵌套在 else 语句块中。

◎ 嵌套的 if-else 语句之间存在配对关系,分析时先从第 1 个 else 语句开始,找它之前最近的 1 个 if 与之配对,再找第 2 个 else,找出它之前没有配对的最近 1 个 if 将其配对……依次将所有的 else 与 if 配对完毕。

◎ if-else-if 语句结构逻辑清晰、结构完整、语句简单、易于理解。是最常用的 if 语句嵌套形式,可以组织成逻辑范围的全程覆盖。

◎ 使用 if-else-if 语句时要注意逻辑正确,覆盖完整,覆盖的区域一环套一环,没有遗漏和重复的区域。

◎ switch-case 语句执行过程:首先计算 switch 后表达式的值,然后依次与每个 case 后的常量表达式的值进行比较,若表达式的值与某个 case 后常量表达式的值相等,则称两者匹配,执行 case 标号后的语句,执行 break 语句,退出 switch-case 语句。若 casc 语句均与表达式不匹配,则执行 default:及其以后的语句。

◎ 在 switch-case/break 语句体中的任一分支语句,都有 break;语句,执行到 break;语句立即退出 switch 语句,而不执行其后的其他分支语句。

◎ 在多分支选择语句 switch-case 的语句中不带 break;语句时,没有自动退出 switch 语句的功能,要依次执行下一条 case 语句。直到遇到 break;语句或 switch-case 语句的结束。

◎ default:标号可以不放在最后,当表达式与所有的 case 常量表达式不匹配时,则与 default:匹配;当表达式与 default:后的 case 常量表达式匹配时,default:不起作用。

◎ 编译预处理命令用"♯"引导,包括宏定义、文件包含处理和条件编译三种形式。

◎ 宏定义是给字符串常量取个宏名,用标识符来代表这个字符串。在 C 语言中,用"♯define"进行宏定义。宏定义分为不带参数的宏定义和带参数宏定义两类。

◎ 定义宏名后在源程序中可以用宏名调用宏,编译系统的预处理程序在编译前将这些标识符替换成所定义的字符串称为宏展开。

◎ 不带参数的宏定义是用来指定一个标识符代表一个字符串常量。

◎ 宏定义不是 C 语言的语句,不需要使用语句结束符";",宏名是一个常量的标识符,它不是变量,不能对它进行赋值。

◎ 带参数的宏由宏名和形式参数标识字符串,是一个字符串的替换过程。预处理时,预处理程序不仅对定义的宏名进行替换,而且参数也要替换,定义形式参数的字符串在调用时用实参字符串替换。

◎ 包含文件是将一些常用的变量、函数的定义或说明以及宏定义等连接在一起,单独构成一个文件。使用时用 ♯include 命令把它们包含在所需的程序中。这种方法设计的程序具有可移植性、可修改性等诸多良好的特性。

◎ 格式 ♯include <filename> 是按系统规定的标准方式检索文件路径。

◎ 格式 ♯include "filename" 首先在原来的源文件目录中检索指定的文件;如果查找不到,则按系统指定的标准方式继续查找。

◎ ♯if-♯else-♯endif 形式是以表达式是否为真进行判断的条件编译,其作用是判断指定的表达式值为真(非零)时,编译程序段 1,否则编译程序段 2。

◎ ♯ifdef-♯else-♯endif 形式是判断标识符的是否存在(是否定义)的条件编译,存在(已定义)则编译<程序段 1>,不存在(未定义)则编译<程序段 2>。

◎ ♯ifndef-♯else-♯endif 形式也是判断标识符的是否存在(是否定义)的条件编译,不存在(未定义)则编译<程序段 1>,存在(已定义)则编译<程序段 2>。

2. C 语言选择结构

1) if 语句

表 4.1.1　if 语句

	语法	传统流程图	结构化流程图	程序举例

单边 if 语句	if(表达式)
	语句块
				if(iB>=iMax)
				iMax=iB;
				if(iB<=iMin)
				iMin=iB;

双边 if 语句	if(表达式)
	语句块 1
	else
	语句块 2
				if(iK%2)
				printf("奇数");
				else
				printf("偶数");

if-else if	if(表达式 1)
	　语句块 1
	else if(表达式 2)
	　语句块 2
	　…
	else if(表达式 n)
	　语句块 n
	　　else
	　语句块 n+1
				if(x<0)
				y=0;
				else if(x==0)y=1;
				else if(x>3)y=4;
				else
				y=x+1;

2) switch-case 语句

表 4.1.2　switch-case 语句

语法格式	带 break;的 switch-case 语句	不带 break;的 switch-case 语句

switch(表达式)
{case 常量表达式 1:语句 1;break;
case 常量表达式 2:语句 2;break;
　……
case 常量表达式 n:语句 n;break;
default:语句 n+1;
}
	#include <stdio.h>
	main()
	{char chA;
	　scanf("%c",&chA);
	switch(chA)
	{case '1':printf("East");break;
	case '2':printf("South");break;
	case '3':printf("West");break;
	case '4':printf("North");break;
	default:printf("Error");
	}
		#include <stdio.h>
		main()
		{char chA=;
		　scanf("%c",&chA);
		　switch(chA)
		{case '1':printf("East");
		case '2':printf("South");
		case '3':printf("West");
		case '4':printf("North");
		default:printf("Error\n");}
		}

当输入 chA='3'时程序输出结果为:	West	Wes North Error

3) 编译预处理

表 4.1.3　编译预处理

宏定义	头文件	条件编译
#define N 2+4	#include <stdio.h>	#if-#endif
#define M N*N	#include "stdlib"	#ifdef-#else-#endif
#define S(x) M*x	#include <math.h>	#ifndef-#else-#endif
#include <stdio.h>	#include <stdio.h>	#if_STDC_
#define N 2+4	#include "stdlib.h"	#define_Cdecl
#define M N*N	#include "string.h"	#else
#define S(x) M*x	#include "math.h"	#define_Cdecl cdecl
main()	main()	#endif
{	{　char chA[]="Hello";	#ifndef_VALUES_H
int iX=S(1+2);	int a=6,b=8,c,s;	#define_VALUES_H
printf("iX=%d\n",iX);	c=sqrt(a*a+b*b);	#endif
}	s=c/strlen(chA);	#ifdef_VALUES_H
	printf("s=%d\n",s);	#define_MATH_H
	}	#endif

4.2　分析方法

4.2.1　案例分析

选择结构程序设计的案例分析中,主要讨论 if 语句和 switch-case 的教学案例,涉及程序结构、域分析方法、算法分析、switch-case 语句的嵌套、default 前移的 switch-case 语句等教学案例。

1. 程序结构

选择结构是程序的三种基本结构之一,选择结构分为由 if 语句构成的二选一程序结构,由 switch-case 语句构成的多选一程序结构,if 语句和 switch-case 语句都属于流程控制语句。

例 4.2.1　在键盘上为字符变量 chA 输入一个字符,判断该字符是数字 chB='0',大写字母 chB='A',小写字母 chB='a',还是其他字符 chB='O',用 switch-case 语句输出相应用信息。

解　在输入字符之前用 printf 函数显示提示信息,用 scanf 函数输入字符,用 if-else-if 语句判断字符 chA 是数字、大写字符、小写字符、其他字符,用 chB 表示。用 switch-case 语句输出字符。编制程序如下:(程序名 ex4_1.c)

```
#include <stdio.h>
main()
```

```
{
    char chA,chB;
    printf("Please enter a character:");
    scanf("%c",&chA);
    if(chA>='0'&&chA<='9')chB='0';
    else if(chA>='A'&&chA<='Z')chB='A';
        else if(chA>='a'&&chA<'z')chB='a';
            else chB='O';
    switch(chB)
    {
        case '0':printf("Output of a number:%c",chA);break;
        case 'A':printf("Output of a capital:%c",chA);break;
        case 'a':printf("Output of a lower-case:%c",chA);break;
        case 'O':printf("Other characters");break;
    }
}
```

编译、运行程序,输入 6,输出结果为:`Output of a number:6`

输入大写字母 H,输出结果为:`Output of a capital:H`

输入小写字母 h,输出结果为:`Output of a lower-case:h`

输入其他字母%,输出结果为:`Other characters`

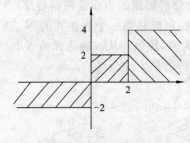

图 4.2.1 域分析

2. 域分析方法

在分析变量的作用域时,if(表达式)和 else 形成对变量作用范围的描述,if-else-if 的嵌套确定了变量的作用域,形成作用域的覆盖。

例 4.2.2 如果变量 $x<0$ 时 $y=-2$,否则,如果 $x>=2$ 时,$y=4$,否则,$y=2$,程序如下,试分析输入 $x>=0\&\&x<2$ 时 y 的值。(程序名 ex4_2.c)

```
#include <stdio.h>
main()
{
    int x,y;
    scanf("%d",&x);
    if(x<0)y=-2;
    else if(x>=2)y=4;
        else y=2;
    if(x>=0&&x<2)printf("y=%d",y);
}
```

解 语句 if$(x<0)$y$=-2$;表示变量 x 在定义域 $x<0$ 的负半轴内即区间$(-\infty,0)$,y 的值为-2,else 表示这是 x 的定义域在正半轴,区间为$[0,\infty)$,在 else 后的语句 if$(x>=2)$y$=4$;

表示变量 x 的定义域满足 else 前提条件下,并且满足 x>=2 的区域[2,∞),y 的值为 4,第 2 个 else 表示 x 定义域在[0,2),y=2;表示在 0<=x<2 区域内,y 的值为 2。如图 4.2.1 所示。

编译、运行程序,输入 1,输出结果为:y=2。

3. 算法分析

例 4.2.3 已知字符型变量 ch1='A';ch2='B';ch3='C';ch4='D';执行以下程序,求整型变量 iY 的值。(程序名 ex4_3.c)

```
#include "stdio.h"
main()
{   char ch1='A',ch2='B',ch3='C',ch4='D';
int iY;
if(ch1>ch2)
{ if(ch2<ch3)iY=1;
   else iY=3;}
else if(ch2<ch4)iY=4;
     else if(ch3>ch4)iY=2;
           else iY=5;
printf("iY=%d",iY);
}
```

解 根据 if 配对原则,第 1 个 else 与第 2 个 if 配对,第 2 个 else 与第 1 个 if 配对,第 3 个 else 和第 3 个 if 配对,第 4 个 else 与 if 配对。用算法分析解题的步骤是根据程序画流程图,代入数据找流向,比较 ch1 与 ch2,由于'A'<'B',控制流从第一个表达式的 N 方向流出,比较 ch2 与 ch4,由于'B'<'D',表达式 ch2<ch4 为真,控制流从该表达式的 Y 流出,流向 iY=4 处理框,根据流向算结果三个步骤,编译运行结果为:iY=4。

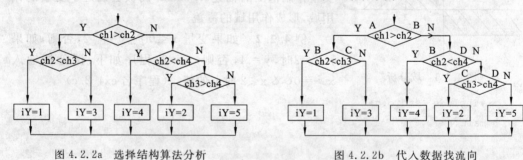

图 4.2.2a 选择结构算法分析   图 4.2.2b 代入数据找流向

4. switch-case 语句的嵌套

switch-case 语句可以嵌套使用,当 case 语句中不包括 break;语句时,继续执行下一 case 语句,当出现 break;语句时,只跳出本层 switch-case 语句。

例 4.2.4 含有 switch-case 语句嵌套的程序如下,试分析程序的输出结果。(程序名 sy4_4.c)

```
#include <stdio.h>
main()
```

```
{  int x=2,y=2,a=0,b=0;
switch(x)                              //检测外层 switch 表达式 x=2;
{  case 1:++a;break;                   //1 与 x 不匹配,不执行;
   case 2:switch(y)                    //2 与 x 匹配,检测内层 switch 表达式 y=2;
       {case 1:a++;                    //内层 1 与 y 不匹配,不执行;
         case 2:b++;                   //内层 2 与 y 匹配,计算 b=1,没有 break;
          case 3:a++;b++;break;}       //执行 a=1;b=2,跳出内层 switch-case 语句;
   case 3:a++;b++;break;               //执行 a=2;b=3,跳出外层 switch-case 语句;
   case 4:a--;b--;break;               //不执行;
  default:a++;b--;   }                 //不执行;
  printf("\n%d,%d",a,b);               //输出 2,3
}
```

解　首先,检测 x,x 的值为 2 与 case 2:匹配,检测 y,执行 case 2:b++;,b=1,没有 break;语句继续执行 case 3:a++;b++;,a=1,b=2,执行 break;跳出内层 switch-case 语句;外层 case 2:没有 break;语句,执行 case 3:a++;b++;,a=2,b=3,执行 break;跳出外层 switch-case 语句;执行 printf("\n%d,%d",a,b);,输出 2,3。

5. default 前移的 switch-case 语句

default 前移的 switch-case 语句是指 default:标号不在 case 语句的最后,而在中间,将 case 语句分成 default:标号前的 case 语句和 default:标号后的 case 语句两部分。当表达式与所有的 case 常量表达式不匹配时,则与 default:匹配,default:标号后的"case 常量表达式:"起语名标号的作用,没有遇到 break;,一直执行完本层 case 语句。当表达式与 default:后的 case 常量表达式匹配时,依次执行其后的 case 语句,遇到 break;语句退出,default:不起作用。

例 4.2.5　运行以下程序后,分别从键盘上输入字符'A'、'B'、'C'、'D',分析输出结果。(程序名 sy4_5.c)

```
#include <stdio.h>
main()
{   int iK=0;
    char ch;
    printf("Enter a character\n");
    scanf("%c",&ch);
    switch(ch)
    {case'A':iK--;
    case'B':iK+=2;
    default:iK++;
    case'C':iK++;
    case'D':iK+=3;   }
    printf("iK=%d\n",iK);
}
```

解　本题属于 default:前移的程序案例,case 语句中没有 break;语句,与 default:语句之前的 case 语句匹配,要依次执行以下的所有语句。包括 default:语句。例如,ch＝'A',依次执行 iK－－;iK＝－1;iK＋＝2;iK＝1;default:iK＋＋;iK＝2;iK＋＋;iK＝3;iK＋＝3;iK＝6,输出 iK＝6。又例如,ch＝'B',输出 iK＝7。

与所有的 case 语句都不匹配时执行 default:语句及其下面的所有语句,例如,ch＝'E',执行 default:iK＋＋;iK＝1;iK＋＋;iK＝2;iK＋＝3;iK＝5,输出 iK＝5。

与 default:语句后的 case 语句匹配,只执行其后的 case 语句。例如,ch＝'C',依次执行 iK＋＋;iK＋＝3;iK＝4,输出 iK＝4。又例如,ch＝'D',执行 iK＋＝3;iK＝3,输出 iK＝3。

4.2.2　算法分析

选择结构程序设计中,程序根据表达式的值决定程序的路径,决定执行的语句。选择结构分为二选一(if 语句)和多选一(switch-case 语句)两类选择结构。

if 语句有一个入口,一个出口,根据表达式是否非 0,从两条分支中确定一条从入口到出口的执行语句的路径。可以将 if 语句分为单边 if,if-else 和 if-else-if 三种基本类型。If 语句常用来编制需要根据表达式选择执行的语句,例如,分段函数的编程、判断闰年等。

switch-case 语句有一个入口,一个出口,根据表达式与 case 常量表达式的匹配,从多个分支中确定一条从入口到出口的通路。根据语句中是否包括 break;语句,可以分为不带 break;的 switch-case 语句和带 break;的 switch-case 语句。用于从多中选一。例如,学生成绩评级、菜单程序等。

1. 分段函数算法

例 4.2.6　已知分段函数 $y=\begin{cases} 4-x & x<0 \\ x & x=0 \\ x+2 & x>0 \end{cases}$,输入 x,求 y 的值。

解　分段函数编程时,根据 x 的定义域,确定 y 的值域,按照程序逻辑顺序,先输入整型变量 x 的值,用 if-else-if 选择结构编程实现分段函数功能,最后输出 y 的值。编制程序如下:(程序名 sy4_6.c)

```c
#include <stdio.h>
main()
{   int x,y;
    printf("Enter a number\n");
    scanf("%d",&x);
    if(x<0)y=4-x;
    else if(x==0)y=x;
            else y=x+2;
    printf("x=%d,y=%d\n",x,y);
}
```

编译、运行源程序,输入 x=-2,输出:x=-2,y=6;输入 x=0,输出:x=0,y=0;输入 x=1,输出:x=1,y=3;

2. 闰年算法

历法上安排闰年是由于地球绕太阳转一周的时间为 365 天 5 小时 48 分 46 秒,平年安排 365 天,每个平年还要多出 5 小时 48 分 46 秒,4 年多出 23 小时 15 分 4 秒,接近一天,因此历法上安排每 4 年有一个闰年,闰年为 366 天,即每 4 年有一个 2 月 29 日。100 年安排 24 个闰年,世纪年不作为闰年,即能被 100 整除的不是闰年,每 100 年多出 5 小 16 分 40 秒,因此每 400 年增加 1 个闰年。因此闰年的算法是能被 4 整除,不能被 100 整除,或者能被 400 整除的年份是闰年。

例 4.2.7　输入一个年份,判断该年是否为闰年。

解　求闰年的算法可以用 if-else 语句的嵌套编程,也可以用逻辑表达式的运算实现。分别用两种方法编程如下所示:

用 if-else 的嵌套求闰年	用逻辑运算求闰年
```\n#include <stdio.h>\nmain()\n{\n int year,leap;\n scanf("%d",&year);\n if(year%4==0)\n {if(year%100==0)\n {if(year%400==0)\n leap=1;\n else leap=0;}\n else\n leap=1;}\n else\n leap=0;\n if(leap)\n printf("%d is",year);\n else\n printf("%d is not",year);\n printf("a leap year\n",year);\n }\n```	```\n#include <stdio.h>\nmain()\n{\nint year,leap;\nscanf("%d",&year);\nif((year%4==0&&year%100!=0)||(year%400==0))\n leap=1;\nelse\n leap=0;\nif(leap)\n printf("%d is",year);\nelse\n printf("%d is not",year);\n printf("a leap year\n",year);\n}\n```

3. 比较大小算法

用单边 if 语句和交换算法实现比较两个数的大小,大值赋给变量 a,小值赋给变量 b。

例 4.2.8　输入两个整型变量,将大值赋给变量 a,小值赋给变量 b,试编程实现该算法。

解　分别用单边 if 语句或条件运算表达式编制程序如下:

单边 if 语句	条件运算表达式
| ```c
#include "stdio.h"
main()
{
    int a,b,t;
    scanf("%d,%d",&a,&b);
     if(a<b){t=a;a=b;b=t;}
    printf("a=%d,b=%d\n",a,b);
}
``` | ```c
#include "stdio.h"
main()
{
    int a,b,x,y;
    scanf("%d,%d",&x,&y);
     a=x>y?x:y;
     b=x<y?x:y;
    printf("a=%d,b=%d\n",a,b);
}
``` |

4. 多分支选择程序算法

用 switch-case 语句实现多分支选择,case 语句中可以带 break;语句,执行到 break; 语句退出 switch-case 语句。若不带 break;语句,则将以后的 case 语句看成标号,依次执行。

例 4.2.9　输入 A～D 中的一个字符,输出百分制的分数段。

解　带 break;的 switch-case 语句和不带 break;的 switch-case 语句两种,分别编制程序如下:

带 break;的 switch-case 语句	不带 break;的 switch-case 语句
| ```c
#include <stdio.h>
main()
{
    char grade;
    printf("Enter characters A~D:");
    scanf("%c",&grade);
    switch(grade)
    {
        case 'A':printf("90~100\n");break;
        case 'B':printf("80~89\n");break;
        case 'C':printf("70~79\n");break;
        case 'D':printf("60~69\n");break;
        case 'E':printf("<60\n");break;
        default:printf("error\n");
    }
}
``` | ```c
#include <stdio.h>
main()
{
    char grade;
    printf("Enter characters A~D:");
    scanf("%c",&grade);
    switch(grade)
    {
        case 'A':printf("90~100\n");
        case 'B':printf("80~89\n");
        case 'C':printf("70~79\n");
        case 'D':printf("60~69\n");
        case 'E':printf("<60\n");
        default:printf("error\n");
    }
}
``` |
| 输入 C,输出 70~79 | 输入 C,输出 70~79
　　　　　60~69
　　　　　<60
　　　　　error |

5. 分离数字算法

例 4.2.10 输入一个两位数 ab,要求十位上的数码 a 的值与个位数上的数码 b 的值不同,例如 36,交换两个数码的位置形成一个新的两位数 ba=63,将两个数中大的数赋给 ab,小的数赋给 ba。

解 用分离数字算法 a=ab/10;,b=ab%10;,ba=(ab%10)*10+ab/10;,比较 ab 与 ba,用交换算法将两个数中大的数赋给 ab,小的数赋给 ba。编制程序如下:

```c
#include <stdio.h>
main()
{
    int a,b,ab,ba;
    scanf("%d",&ab);
    a=ab/10;
    b=ab%10;
    ba=b*10+a;
    if(ab<ba){a=ab;ab=ba;ba=a;}
    printf("ab=%d,ba=%d\n",ab,ba);
}
```

4.3 习题与解答

4.3.1 练习题

1. 判断题(共 10 小题,每题 1 分,共 10 分)

(1) if 语句和 switch-case 语句都是流程控制语句,能控制程序的流程。　　　(　　)

(2) if 语句中的表达式一定是关系和逻辑表达式,不能用其他表达式。　　　(　　)

(3) if 语句中的语句块可以看成是一条简单语句或者是复合语句。　　　(　　)

(4) if 语句可以嵌套,但只能嵌套在 else 语句块中,不能嵌套在 if 语句块中。(　　)

(5) 嵌套的 if-else 语句之间存在配对关系,分析时先从第 1 个 else 语句开始。(　　)

(6) 使用 if-else-if 语句,能自动构成正确的逻辑关系,覆盖完整的区域,没有遗漏和重复的区域。　　　(　　)

(7) switch 语句的表达式可以为整型、字符型、枚举型的表达式,表达式两边的括号不能省略。花括号括起的部分是 switch 的语句体。　　　(　　)

(8) switch 语句体中的 case 与其后的常量表达式构成语句标号,语句标号由冒号结尾,常量表达式没有类型要求,各 case 后常量表达式的值可以相同。　　　(　　)

(9) default:表示 case 标号以外的标号,以冒号结尾,起标号作用。　　　(　　)

(10) default:标号必须放在 case 语句的最后,当表达式与所有的 case 常量表达式不匹配时,则与 default:匹配,default:只起语名标号的作用。　　　(　　)

2. 单选题（共 10 小题，每题 2 分，共 20 分）

（1）已知 a＝4,b＝5,执行 C 语句 if(a＜b){a＝b;b＝a;}后,a,b 的值分别是（　　）。

　　A.5,5　　　　　　　B.5,4　　　　　　　C.4,5　　　　　　　D.5,5

（2）已知 a＝4,b＝5,执行 C 语句 if(a＜b){a＋＝b;b＝a－b;a－＝b;}后,a,b 的值分别是（　　）。

　　A.5,5　　　　　　　B.5,4　　　　　　　C.4,5　　　　　　　D.5,5

（3）已定义变量 iA＝2,iB＝4,iMax＝0,执行 C 语句 if(iA＜iB)iMax＝iA＋＋;else iMax＝iB－－;后,iMax 的值分别是（　　）。

　　A.0　　　　　　　　B.1　　　　　　　　C.2　　　　　　　　D.3

（4）已定义变量 iA＝2,iB＝4,执行 C 语句 if(iA＞iB&&iB＞0)printf("iA＝%d",iA＋＋);else printf("iB＝%d",iB－－);后,输出的结果为（　　）。

　　A.iA＝1　　　　　　B.iA＝2　　　　　　C.iB＝3　　　　　　D.iB＝4

（5）已定义变量 iA＝2,iB＝4,执行 C 语句 if(iA＞iB||iB＞0)printf("iA＝%d",iA＋＋);else printf("iB＝%d",iB－－);后,输出的结果为（　　）。

　　A.iA＝1　　　　　　B.iA＝2　　　　　　C.iB＝3　　　　　　D.iB＝4

（6）已定义变量 iA＝2,iB＝4,执行 C 语句 if(iA＝3)printf("%d",iA＋＋);else printf("%d",iB－－);后,输出的结果为（　　）。

　　A.1　　　　　　　　B.2　　　　　　　　C.3　　　　　　　　D.4

（7）已知 a＝－4,b＝－5,执行 C 语句 if(a＜b){if(a＞0)c＝a;else c＝b;}else{if(b＜0)c＝a＋＋;else c＝－－b;}后,c 的值是（　　）。

　　A.－3　　　　　　　B.－6　　　　　　　C.－5　　　　　　　D.－4

（8）已知 ch1＝'a',ch2＝'B',ch3＝'5',执行 C 语句 if(ch1＞＝ch2)ch＝ch1－32;else if(ch1＜＝ch3)ch＝ch3＋16;else ch＝ch2＋32;后,c 的值是（　　）。

　　A.A　　　　　　　　B.B　　　　　　　　C.b　　　　　　　　D.a

（9）已知 a＝4,b＝5,c＝3,执行 C 语句 y＝a＞b? a:b＞c? b:c;后,y 的值是（　　）。

　　A.4　　　　　　　　B.5　　　　　　　　C.3　　　　　　　　D.0

（10）已知整型变量 a＝4,x＝1,y＝1,执行以下 C 语句后,x 与 y 的值分别是（　　）。

```
switch(a%3)
{
        case 0:x++;y++;break;
        default:x++;break;
        case 1:y++;
}
```

　　A.1,2　　　　　　　B.2,1　　　　　　　C.2,2　　　　　　　D.2,3

3. 填空题（共 10 小题，每题 2 分，共 20 分）

（1）选择的方式分为二选一和多选一,二选一用（　　　　　　）构成选择结构,多选一用( )构成选择结构。

(2) 单边 if 语句是指不带 else 的 if 语句。如果表达式为( ),执行语句块,表达式为( )则什么也不做。

(3) 双边 if 语句是指由( )和( )构成的条件语句,如果表达式为真即非 0,执行语句块 A,表达式为假即为 0,执行语句块 B。

(4) switch( )与 case 后的( )的值进行比较,两者的值和类型相同,则称两者匹配。

(5) switch-case 是( )的关键字,当表达式不与所有的 case 常量表达式匹配,则一定与( )匹配。

(6) 宏定义分为( )的宏定义和( )的宏定义两类。

(7) 宏定义是用( )命令定义( ),不能定义变量和数组。

(8) 包含文件是用( )命令包含( ),用于定义变量、函数或宏定义。

(9) 格式 ♯include ＜filename＞是按( )的标准方式检索文件路径。格式 ♯include "filename" 先在( )目录中检索指定的文件,然后按标准方式检索文件路径。

(10) 条件编译包括 ♯if-♯else-♯endif 形式、( )和( )三种形式。

4. 条件语句与编译预处理命令解释(共 10 小题,每题 1 分,共 10 分)

(1) if 语句: (2) if-else:

(3) if-else-if: (4) switch-case:

(5) break 语句: (6) default 语句:

(7) ♯include: (8) ♯defin:

(9) ♯if-♯else-♯endif: (10) ♯ifndef-♯else-♯endif:

5. 简答题(共 5 小题,每题 4 分,共 20 分)

(1) 什么叫选择结构? 选择的方式分为哪些几类?

(2) 画出 if(iK％2)printf("奇数");elseprintf("偶数");的传统流程图和结构化流程图。

(3) 嵌套的 if-else 语句如何配对?

(4) 简述 switch-case 语句执行过程?

(5) ♯if-♯else-♯endif 是什么命令?

6. 分析与编程题(共 5 小题,每题 4 分,共 20 分)

(1) 分析变量的定义域。

例 4.3.1 源程序如下,已知整型变量 x,输入 x 的值,如果 x＜0,输出 y＝-1。否则,如果 x＜2,输出 y＝1,否则输出 y＝2。

```
#include <stdio.h>
main()
{
    int x;
    scanf("%d",&x);
    if(x<0)printf("y=%d",-1);
    else if(x<2)printf("y=%d",1);
        else printf("y=%d",2);
}
```

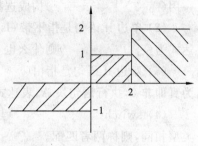

图 4.3.1　域分析图

解

(2) 简单排序方法。

例 4.3.2　输入 a,b,c 三个整型变量的值,将最大的数赋给 a,中间大小的数赋给 b,最小的数赋给 c,试编制满足上述条件的程序。

解

(3) 条件表达式的域分析。

用条件表达式描述变量的作用域时,要正确地选择条件表达式,形成正确的定义域覆盖,用 if-else-if 的嵌套可以将变量的作用域根据取值的不同划分成不同的区域,获得正确的程序逻辑。

例 4.3.3　已知学生百分制成绩,将其评定为 A、B、C、D、E 五个等级。

解

(4) 分析 switch-case 语句的嵌套。

例 4.3.4　以下程序是由 switch-case 语句嵌套组成的程序,分析当输入 6,7 时,程序输出的结果;当输入 7,8 时,程序输出的结果;当输入 8,9 时,程序输出的结果。

```
#include <stdio.h>
main()
{int a,b,x=0,y=0;
  scanf("%d,%d",&a,&b);
  switch(a%3)
  { case 0:x++;y++;break;
```

```
        default:switch(b%2)
                { case 0:x++;break;
                  case 1:x++;y++;break;}
        case 1:x++;
    }
  printf("x=%d,y=%d\n",x,y);
}
```

解

（5）分析带参数的宏。

例 4.3.5　定义带参数的宏 S(X,Y)为 X＊X＋Y＊Y，源程序如下，分析程序宏代换与程序输出结果。（文件名：sy4_15.c）

```
#include <stdio.h>
#include <math.h>
#define S(X,Y) X*X+Y*Y
main()
{
    int a=6,b=8;
    double c;
    c=sqrt(S(a,b));
    printf("c=%f\n",c);
}
```

解

4.3.2　习题答案

1. 判断题（共 10 小题，每题 1 分，共 10 分）

(1) T　(2) F　(3) T　(4) F　(5) T　(6) F　(7) T　(8) F　(9) T　(10) F

2. 单选题（共 10 小题，每题 2 分，共 20 分）

(1) A　(2) B　(3) C　(4) D　(5) B　(6) C　(7) D　(8) C　(9) B　(10) A

3. 填空题（共 10 小题，每题 2 分，共 20 分）

(1) if 语句、switch-case 语句　　　　　　　(2) 真即非 0、假即为 0

(3) if、else　　　　　　　　　　　　(4) 表达式、常量表达式

(5) 多分支选择语句、default：　　　 (6) 不带参数、带参数

(7) ♯define、常量　　　　　　　　　 (8) ♯include、头文件

(9) 系统规定、原来的源文件

(10) ♯ifdef-♯else-♯endif、♯ifndef-♯else-♯endif

4. 条件语句与编译预处理命令解释（共 10 小题，每题 1 分，共 10 分）

(1) if 语句：单边 if 语句，当表达非 0，执行语句，否则什么也不做。

(2) if-else：双边 if 语句，当表达非 0，执行语句 A，否则，执行语句 B。

(3) if-else-if：带 else-if 的选择语句，当表达 1 非 0，执行语句 A，否则，如果表达式 2 非 0，执行语句 B，否则，执行语句 C。

(4) switch-case：多分支选择语句。

(5) break 语句：退出 switch-case 语句或循环体。

(6) default 语句：与其他没有出现的常量表达式匹配。

(7) ♯include：包含头文件的标识。

(8) ♯defin：宏定义标识。

(9) ♯if-♯else-♯endif：是以表达式是否为真进行判断的条件编译，其作用是判断指定的表达式值是否非零，非零时，编译程序段 1，否则编译程序段 2。

(10) ♯ifndef-♯else-♯endif：判断标识符的是否存在（是否定义）的条件编译，不存在（未定义）则编译＜程序段 1＞，存在（已定义）则编译＜程序段 2＞。

5. 简答题（共 5 小题，每题 4 分，共 20 分）

(1) 选择结构用表达式作为判断的条件，通过计算表达式的值得出判断结果，根据判断的结果决定执行指定的程序块，实现从入口到出口的流程控制。选择的方式分为二选一和多选一，二选一用 if-else 语句构成选择结构，包括单边 if 语句、双边 if-else 语句和 if-else-if语句等。多选一用 switch-case 语句构成选择结构。

(2) 传统流程图如图 4.3.2 所示，结构化流程图如图 4.3.3 所示。

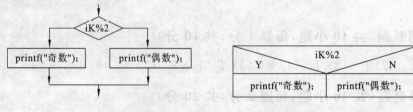

图 4.3.2　结构化流程图　　　　　　图 4.3.3　N-S 流程图

(3) 嵌套的 if-else 语句的配对方法，先从第 1 个 else 语句开始，找它之前最近的 1 个 if 与之配对，再找第 2 个 else，找出它之前没有配对的最近 1 个 if 将其配对……依次将所有的 else 与 if 配对完毕。

（4）switch-case 语句执行过程：先计算 switch 后表达式的值，然后依次与每个 case 后的常量表达式的值进行比较，若表达式的值与某个 case 后常量表达式的值相等，则称两者匹配，执行 case 标号后的语句，执行 break 语句，退出 switch-case 语句。若 case 语句均与表达式不匹配，则执行 default；及其以后的语句。

（5）♯if-♯else-♯endif 形式是以表达式是否为真进行判断的条件编译命令，命令格式为 ♯if＜程序段 1＞♯else＜程序段 2＞♯endif，其作用是判断指定的表达式值是否为非零，表达式值为非零编译程序段 1，否则编译程序段 2。

6. 分析与编程题（共 5 小题，每题 4 分，共 20 分）

（1）变量定义域分析图如图 4.3.4 所示，当 x＜0，输出 y＝−1；当 0＜＝x＜2，输出 y＝1；当 x＞＝2，输出 y＝2。

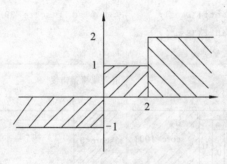

图 4.3.4　域分析图

（2）先比较 a、b 两个数，将大数赋给 a，小数赋给 b，再将 a、c 两个数进行比较，将大数赋给 a，小数赋给 c，此时 a 中的值是三个数中的最大的数，再将 b、c 两个数进行比较，大的数赋给 b，小的数赋给 c，完成 a、b、c 三个数的排序。源程序如下：

```
#include "stdio.h"
main()
{
    int a,b,c,t;
    scanf("%d,%d,%d",&a,&b,&c);
    if(a<b){t=a;a=b;b=t;}                //交换 a,b;
    if(a<c){a+=c;c=a-c;a-=c;}            //用加减法交换 a,c;
    if(b<c){b=b^c;c=b^c;b=b^c;}          //用异或运算交换 b,c;
    printf("a=%d,b=%d,c=%d\n",a,b,c);    //输出 a,b,c。
}
```

（3）用 if-else-if 的嵌套编制程序时，用条件表达式描述变量的作用域，if 表示一个方向的区域，else 表示相反方向的区域，在多层 if-else 嵌套下，形成变量的作用域，if-else-if 的条件表达式要形成正确的定义域覆盖，比较下面两个示例。

A、if-else-if 嵌套中的条件表达式	B、if-else-if 嵌套中错误的条件表达式

``c
#include <stdio.h>
main()
{
    int score;
    printf("请输入考试成绩 0~100:");
    scanf("%c",&score);
    if(score>100‖score<0)
      printf("请输入 0~100 之间正整数\n");
else if(score>=90) printf("A\n");
else if(score>=80) printf("B\n");
    else if(score>=70) printf("C\n");
    else if(score>=60) printf("D\n");
    else   printf("E\n");
}
``
	``c
	#include <stdio.h>
	main()
	{
	    int score;
	    printf("请输入考试成绩 0~100:");
	    scanf("%c",&score);
	    if(score>100‖score<0)
	      printf("请输入 0~100 之间正整数\n");
	    else if(score>59) printf("D\n");
	    else if(score>69) printf("C\n");
	    else if(score>79) printf("B\n");
	    else if(score>89) printf("A\n");
	    else printf("E\n");
	}
	``

定义域覆盖正确	定义域覆盖错误

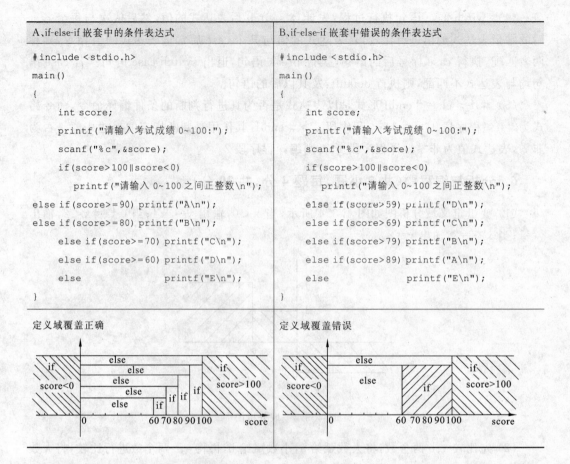

右图 if(score>59)的区域为 59<score<=100,否则不再包含 60、70、80、90、100 分数段,不会执行 else if(score>69)以后的语句和条件表达式。

(4) 当输入 6,7 时,a=6,a%3=0,表达式 a%3 与 case 0:匹配,x=1,y=1,跳出外层 switch-case 结构,输出 x=1,y=1。

当输入 7,8 时,a=7,a%3=1,表达式 a%3 与 case 1:匹配,x=1,y=0,外层 switch-case 中的语句结束,退出外层 switch-case 结构,输出 x=1,y=0。

当输入 8,9 时,a=8,b=9,a%3=2,表达式 a%3 与 default:匹配,执行内层 switch(b%2),b%2=1,表达式 b%2 与 case 1:匹配,x=1,y=1,退出内层 switch-case 结构,执行外层的 case 1:x++;,x=2,外层 switch-case 中的语句结束,退出外层 switch-case 结构,输出 x=2,y=1。

(5) 定义带参数的宏 S(X,Y)为 X * X+Y * Y,编译时编译预处理程序将实参 a,b 代换形参 X,Y,语句 c=sqrt(S(a,b));代换后为 c=sqrt(a * a+b * b);,然后编译程序对代换后的源程序进行编译、连接,形成可执行文件 sy4_15.exe,执行.exe 程序,运行结果为:c=10。

4.4 选择结构程序设计实验

4.4.1 选择结构程序设计

选择结构程序包括表达式和语句部分的控制结构,通过计算表达式的值,控制程序执行的路径,确定应该执行的程序语句,选择结构的程序从入口到出口有两条或多条分支,两条分支可以用 if-else 语句实现二选一功能,多条分支可以用 switch-case 语句实现多选一功能。选择结构用于解决需要判断后才能决定程序执行路径的程序控制结构。

用选择结构编制程序,最好先画程序流程图,选择在 else 部分嵌套的结构,即尽量采用 if-else-if 型的控制结构,如例 4.2.2 题和例 4.2.6 题,避免使用在 if 部分嵌套的结构;在 if-else-if 控制结构中,多个表达式形成的作用域覆盖要正确,避免出现逻辑错误。使用 switch-case 语句时,要尽量采用带 break 的多分支语句,如例 4.2.9 左边,避免使用不带 break 的多分支语句。流程图中程序的控制流程表达得简洁清楚、准确无误后,再编写程序代码,这样编制的程序控制条件明晰、逻辑判断简单、程序路径清楚,避免出现逻辑矛盾或歧义性。下面分别介绍用选择结构组织的程序类型。

1. 大小写字母的转换

例 4.4.1 输入一个字母给字符变量 ch,判断是大写字母,将其转换成小写字母,如果是小写字母,将其转换为大写字母。

解 前面章节已介绍字符数据的按字符在 ASCII 码表中的位置和值定义内码,存储的字符数据是 ASCII 码的值,称为存储码。大写字母'A'的值,存储为 41H(十进制数为 65),小写字母'a'的值,存储为 61H(十进制数为 97),两者的位置相差 20H(十进制数为 32)。因此,任一大写字母如 D 加 32 可以转换成小写字母 d,小写字母 d 减 32 转换成大写字母 D。

判断字母的大小写,是检查变量 ch 的取值范围在'A'<=ch<='Z'之间为大写字母,变量 ch 的取值范围在'a'<=ch<='z'之间为小写字母。将大写字母转换为小写字母 ch=ch+32;将小写字母转换为大写字母 ch=ch-32;。编制程序如下:

程序流程图	源程序

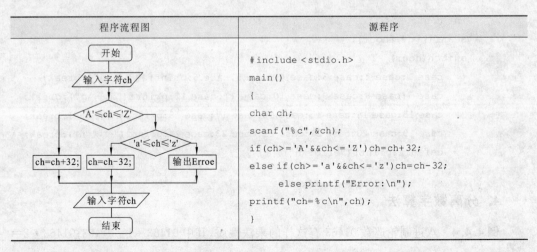	```
	#include <stdio.h>
	main()
	{
	char ch;
	scanf("%c",&ch);
	if(ch>='A'&&ch<='Z')ch=ch+32;
	else if(ch>='a'&&ch<='z')ch=ch-32;
	    else printf("Error:\n");
	printf("ch=%c\n",ch);
	}
	``

2. 关系表达式的值

if(表达式)语句;的表达式作关系运算时,相等比较用"＝＝",不能用赋值运算符"＝",这是编程中经常出现的错误,应该引起注意。

例 4.4.2　比较 a、b 两变量的值是否相等,若相等则输出 a,否则输出 b。

解　在 if-else 语句的表达式中,用"＝＝"进行相等比较,如下表左边所示,如果错用赋值运算符"＝",则台下表右边所示。

比较用"＝＝"相等	错用赋值运算符"＝"

```#include <stdio.h>```
```main()```
```{```
　　```int a,b;```
　　```scanf("%d,%d",&a,&b);```
　　```if(a==b)printf("a=b=%d\n",a);```
　　```else printf("a=%d,b=%d\n",a,b);```
```}```
	```#include <stdio.h>```
	```main()```
	```{```
	　　```int a,b;```
	　　```scanf("%d,%d",&a,&b);```
	　　```if(a=b)printf("a=b=%d\n",a);```
	　　```else printf("a=%d,b=%d\n",a,b);```
	```}```

输入 4,8,输出结果 a＝4,b＝8 if-else 语句的表达式为假(为 0),执行的是条件为假的语句	输入 4,8,输出结果为 a＝b＝8 if-else 语句的表达式将 b 赋给 a,表达式的值为 8,非 0,执行条件为真的语句

3. 带 break;的 switch-case 语句

例 4.4.3　将一天 24 小时分成凌晨(1~6 时)、上午(7~12 时)、下午(13~18 时)、夜晚(19~24 时)四个时段。输入当前的时间,判断当前的时段。

解　用带 break;的 switch-case 语句

```
#include "stdio.h"
main()
{
    int hour;
    scanf("%d",&hour);
    switch(hour)
    {   case 1:case 2:case 3:case 4:case 5:case 6:printf("凌晨\n");break;
        case 7:case 8:case 9:case 10:case 11:case 12:printf("上午\n");break;
        case 13:case 14:case 15:case 16:case 17:case 18:printf("下午\n");break;
        case 19:case 20:case 21:case 22:case 23:case 24:printf("夜晚\n");break;
        default:printf("error\n");   }
}
```

4. 分离数字算法

例 4.4.4　八进制轮巡数 01463 有这样的乘法性质,其中 01463 * 1＝01463;01463 * 2＝

03146;01463＊3＝04631;01463＊4＝06314。各个乘积都是由这 4 个数码组成,试分离各个权位上的数码,如果 abcd＊2＝＝d＊8＊8＊8＋a＊8＊8＋b＊8＋c 时,输出 abcd＊2。

　　解　先用分离数字算法分离出四个八进制数码,a＝abcd/8/8/8;,b＝abcd/8/8％8;,c＝abcd/8％8;,d＝abcd％8;,再判断 abcd＊2＝＝d＊8＊8＊8＋a＊8＊8＋b＊8＋c,如果相等,输出 abcd＊2,编制源程序如下:

```c
#include "stdio.h"
main()
{
    int abcd=01463,a,b,c,d;
    a=abcd/8/8/8;
    b=abcd/8/8%8;
    c=abcd/8%8;
    d=abcd%8;
    printf("a=%o,b=%o,c=%o,d=%o\n",a,b,c,d);
    if(abcd*2==d*8*8*8+a*8*8+b*8+c)printf("%o",abcd*2);
}
```

5. 编制菜单程序

菜单程序包括显示菜单文本,读取选择数据,根据选择数据执行操作三个部分组成。

　　例 4.4.5　菜单文本如图 4.4.1 所示,试编写菜单程序。

图 4.4.1　菜单文本

　　解　显示菜单文本的程序在例 1.8 中已经编制完成,接着用两个 getchar();读取数字和回车的转义符,最后用 switch-case 操行选项规定的操作并执行,编制程序如下:(程序名:sy4_20.c)

```c
#include <stdio.h>
main()
{
char choice;
printf("┌──────────────────────┐\n");
printf("│ **********菜单命令********** │\n");
printf("├──────────────────────┤\n");
printf("│    1.输入数据        2.输出数据    │\n");
printf("│    3.查找数据        4.修改数据    │\n");
printf("│    5.插入数据        6.删除数据    │\n");
```

```
printf("|        7.数据分析        8.数据排序        |\n");
printf("|        9.添加数据        0.退出系统        |\n");
printf("|————————————————————————————————|\n");
printf("|        请输入数字 0-9,选择以上功能性        |\n");
printf("|————————————————————————————————|\n");
choice=getchar();getchar();
switch(choice)
{
case'1':printf("输入数据");break;
case'2':printf("输出数据");break;
case'3':printf("查找数据");break;
case'4':printf("修改数据");break;
case'5':printf("插入数据");break;
case'6':printf("删除数据");break;
case'7':printf("数据分析");break;
case'8':printf("数据排序");break;
case'9':printf("添加数据");break;
case'0':printf("退出系统");exit(0);
}
}
```

4.4.2　预习作业与实验报告

_____大学_____学院实验报告

课程名称:C 语言程序设计　　　实验内容:选择结构程序设计　　　指导教师:

系部:　　　　　　　　　　　　专业班级:

姓名:　　　　　　　　　　　　学号:　　　　　　　　　成绩:

一、实验目的

(1)掌握条件表达式的计算过程。

(2)掌握 if 语句的三种控制语句,掌握 if 与 else 的配对方法,掌握 if 结构的执行过程。

(3)掌握 switch-case 语句的控制功能,掌握 default、break 的功能。

(4)掌握 if 语句、switch-case 语句嵌套使用的功能。

二、预习作业(每小题 5 分,共 40 分)

1. 程序填空题(试在括号中填入正确的答案,并上机验证程序的正确性)

(1)下面程序用于判断从键盘输入的一个字符是数字、大写字母或小写字母。

```
#include <stdio.h>
main()
{ char ch;
if(ch=getchar())!='#'))
    { if(ch>='0'            )printf("number");
      if(ch>='A'            )printf("Upper");
      if(ch>='a'            )printf("Litter");}
      printf("\n");
}
```

(2) 已知 m 的初值为 4,试填写变量说明语句,输出结果为(　　)。

```
#include <stdio.h>
main()
{ (        )
if(m%4)n=m++;
    else n=--m;
printf("%d,%d",m--,++n);
}
```

2. 程序改错并上机调试运行

(1) 输入 a,b 两个数,若 a 与 b 相等,将 a+b 赋给 c;如若 a 与 b 不相等,将 a−b 赋给 c。

```
#include <stdio.h>
main()
{/**********found**********/
 int a,b,c,max;
scanf("%d,%d",a,b);         //
max=a;
if(max=b)c=a+b;             //
    else c=a-b;
printf("c=%d\n",c);
}
```

(2) 改正程序中 switch-case 语句出现的错误。

```
#include <stdio.h>
main()
{ char ch='d';
/**********found**********/
  switch(ch-32);            //
    case a;                 //
    default:printf("%c\n",ch);
case b;printf("%d",ch);     //
}
```

3. 读程序写结果并上机验证其正确性

(1) 选择结构程序如下,当 a=1,b=3,c=5,d=4 时,执行下面程序后,x 的值为(　　)

```
#include <stdio.h>
main()
```

```
{   int a=1,b=3,c=5,d=4;
if(a<b)
if(c<d)x=1;
      else if(a<c)
If(b<d)x=2;
   else x=3;
else x=6;
else x=7;
printf("x=%d",x);
}
```

（2）求表达式的输出结果

```
#include<stdio.h>
main()                        结果为：
{   int x=1,y=1,a=0,b=0;
switch(x)
{   case 1:switch(y)
        {case 0:a++;break;
          case 1:b++;break;}
    case 2:a++;b++;break;
    case 3:a--;b--;break;
default:a++;b--;}
printf("\n%d,%d",a,b);
}
```

4. 编程题（三小题选做二小题）

（1）试编写一个程序，输入 a,b,c 三个值，输出最大值 max 和最小值 min。

（2）试用 switch-case 语句编制程序，输入一个当前的月份，求出该月份所属的季节。试编制程序。

（3）根据求根公式，试编写求解二元一次方程 $ax^2+bx+c=0$ 的程序。

三、调试过程（调试记录 10 分、调试正确性 10 分、实验态度 10 分）：

（1）上机调试，验证预习作业的正确性。

（2）详细记录调试过程中出现的错误，提示信息。

（3）调试过程中修改解决错误的方法，目前还没有解决的问题，调试程序使用调试工具。

（4）记录程序运行的结果，思索一下是否有其他的解题方法。

（5）用学号和姓名建立文件夹，保存以上已调试的文件并上交给班长。

四、分析与总结（每个步骤 10 分，共 30 分）

（1）分析实验结果，判断结果的合理性及产生的原因。

（2）总结实验所验证的知识点。

（3）写出实验后的学习体会。

第5章　循环结构程序设计指导与实训

5.1　教材的预习及学习指导

5.1.1　教材预习指导

本章介绍循环结构。循环结构是对同一程序段重复执行若干次的语法结构，被重复执行的程序段称为循环体；每循环一次需要计算表达式判断循环条件，决定是否继续循环，该表达式是判断是否终止循环的条件称为循环终止条件。继续循环则执行循环体；中止循环则退出本层循环，执行下一语句。循环结构的循环变量、循环终止条件和循环体称为循环结构的三要素。本章主要介绍当型循环和 for 循环。

第 1 节介绍当型循环，它包括 while 循环和 do-while 循环两种循环，while 循环是先判断循环终止条件，当表达式的值为非 0，条件为真，执行循环体，当表达式的值为 0，条件为假退出循环的循环语句。do-while 循环是先执行循环体，再判断循环终止条件的循环语句。本节预习的重点是当型循环 while 和 do while 的语法、语义和语用，掌握用当型循环编制程序的方法。

第 2 节介绍了 for 循环。for 循环是一种自动增量循环，分别用表达式 1 表示表示循环变量的初值，表达式 2 表示循环变量的终值条件，没有到达终值，执行循环体；表达式 3 表示循环变量的增量，决定循环变量取值的变化方式。语法格式"for(表达式 1；表达式 2；表达式 3)循环体"的括号中 3 个表达式用 2 上分号进行分隔，此处的分号是分隔符，不是语句结束符，不要写成"for(表达式 1；表达式 2；表达式 3；)"。预习的重点是 for 循环的语法、语义和语用，要注意 for 循环的执行过程，循环的嵌套，break 和 continue 两个跳转语句的用法。

第 3 节介绍了经典算法。经典算法是指人们在生活实践中逐步积累起来的、逻辑严谨的直接编程算法。例如，应用公式算法、大小写字母转换算法、交换算法、分支选择算法、求级数算法、分离数字算法(例如求水仙花数)、字符图形算法、分离因子算法(例如素数算法)、求最大公约数和最小公倍数算法、排序算法等算法。在学习中要经常收集、整理、积累经典算法，认真做好思维训练。

第 4 节介绍了语句标号与 goto 语句，它们是从宏汇编中继承过来的语句，要正确使用 goto 语句，避免破坏程序结构，本节的内容不作基本要求。

5.1.2　教材学习指导

1. C 语言循环结构程序设计基本概念

◎ 循环结构是对同一程序段重复执行若干次的语句结构，被重复执行的程序段称为循环体;判断表达式是否非 0,决定循环继续执行还是中止循环,表达式称为循环终止条件。

◎ 循环结构的循环变量、循环终止条件和循环体称为循环结构的三要素。

◎ C 语言保留了汇编程序采用的"if-goto 标号"构成循环结构,但并不提倡使用这种语句结构,因为 goto 语句的无条件跳转,容易破坏程序的结构化,产生不可预料的后果。C 语言专门提供了 while 循环、do…while 循环、for 循环三种循环语句。

◎ while 循环语句和 do-while 循环语句都是当型循环语句,for 循环是增量循环语句。

◎ while 循环是先判断循环终止条件,当条件为真(非 0)执行循环体,当条件为假(为 0)退出循环的循环语句。

◎ do-while 循环是先执行循环体,再判断循环终止条件的循环语句,当表达式值为真(非 0),执行循环体,表达式为假(为 0)退出循环。

◎ for 循环是增量循环,由初值、循环终止条件和增量三表达式构成的循环语句。for 循环语句的语法功能为:

    for(初值;终值条件;循环变量增量)循环体

for 循环的语法格式为:for(表达式 1;表达式 2;表达式 3)循环体

◎ 表达式 1 是初值表达式,由一个赋值表达式或逗号表达式构成,用来给循环变量赋初值;表达式 2 是判断终值条件的关系表达式,根据表达式的值,确定是执行循环体还是退出循环,表达式 2 可以与循环变量无关;表达式 3 是增量表达式,用于修改循环变量,每执行一次循环体后,根据增量表达式修改循环变量,使循环变量朝出口方向变化。

◎ for 循环的执行步骤是先计算"表达式 1",确定循环变量的初值;计算"表达式 2",判断终值条件,若表达式 2 的值为非 0,执行一次 for 循环体,计算"表达式 3",修改循环变量,计算"表达式 2",判断终值条件;若表达式 2 的值为 0,结束循环。

◎ for 语句的"表达式 1"可以省略,省略时,应在 for 语句前给循环变量赋初值。

◎ for 语句的"表达式 2"可以省略,系统认为表达式 2 的值始终为真,循环不断执行下去,执行到循环体内的 break 语句退出,若无 break 语句、goto 语句,则形成无限循环。

◎ for 语句的"表达式 3"可以省略,省略时,应在循环体内修改循环变量,使循环能正常结束。

◎ for 语句中的表达式可以全部省略,但两个分号";"是分隔符不可省略。

◎ 嵌套的循环结构是指循环语句的循环体内又包含另一个循环语句,形成循环套循环的语句结构。

◎ C 语言的平面坐标系由向右的 x 轴和向下的 y 轴组成,平面字符图形可以放在坐标平面中进行分析。通过语句要素与坐标轴之间的对应关系,将嵌套的循环结构中外层循环与 y 轴的行对应,内层循环与 x 轴的列对应,每行首字符的位置用内层的循环语句输出空格来定位,绘图的字符与形状用内层的循环语句输出字符来确定。

◎ C 语言中提供了从 switch 语句体和循环体中跳出的 break 语句,在多分支结构中用 break 语句跳出 switch 语句体。在循环结构中,用 break 语句跳出本层循环体,结束本层循环的执行。

◎ continue 语句是跳过本次循环体中余下未执行的语句,继续判断下一次循环条件。

◎ 经典算法是根据实际问题的规律性直接编写出逻辑严谨的算法。

◎ 语句标号表示语句的位置,由标识符和冒号组成。冒号用来分隔标号部分和语句部分。语句标号的命名规则与标识符的命名规则相同。

◎ goto 语句是无条件跳转语句,与语句标号搭配作用。但 goto 语句容易破坏程序的结构化。

2. 语法格式

(1) While 循环语法格式为:

```
while(表达式)
    循环体;
```

(2) do-while 循环的语法格式为:

```
do
    循环体
while(表达式);
```

do-while 循环的关键字 do,while 相当于语句括号,do 表示循环的开始,用 while(表达式)后的分号表示 do-while 语句的结束。

(3) For 循环语句的语法格式为:

```
for(表达式 1;表达式 2;表达式 3)循环体
```

5.2　分　析　方　法

5.2.1　算法分析

算法分析是对经典算法编制的程序进行解析,前面已经介绍的应用公式算法、大小写字母转换算法、交换算法、分支选择算法、分离数字算法等常用算法,这些算法是可以不用循环结构编制的算法,而有些算法必须采用循环结构编制的算法,如求级数算法、分离数字算法(例如求水仙花数)、字符图形算法、分离因子算法(例如素数算法)、余数算法、求最大公约数和最小公倍数算法等经典算法。

1. 求级数算法

求级数算法包括求和、求阶乘、求幂、求级数等同类算法。这些算法都采用循环结构,通项公式以复合赋值的语句形式出现的。

例 5.2.1　比较求和、求阶乘、求幂三种算法的共同点,试编程计算 $1+2+3+4+\cdots+100$ 之和,计算 $10!$,计算 0.8^{10}。

解　求和、求阶乘、求幂三种算法都需要使用循环结构进行重复的运算,在循环语句之前要给循环体中使用的变量赋初值,设置循环的终值条件,用复合赋值语句计算通项公式,修改循环变量等语法成分。具体源程序如下:

表 5.2.1   求和、求阶乘、求幂算法程序

求和 （文件名:sy5_1_1.c)	求阶乘 （文件名:sy5_1_2.c)	求幂(文件名:sy5_1_3.c)

```#include<stdio.h>```
```main()```
```{```
  ```int iK,iSum;```
  ```iSum=0;```
  ```for(iK=1;iK<=100;iK++)```
    ```iSum=iSum+iK;```
  ```printf("Sum=%d\n",iSum);```
```}```
	```#include <stdio.h>```
	```main()```
	```{```
	  ```int iK,iN;```
	  ```iN=1;```
	  ```for(iK=1;iK<=10;iK++)```
	    ```iN= iN*iK;```
	  ```printf("iN=%d\n",iN);```
	```}```
		```#include<stdio.h>```
		```main()```
		```{```
		  ```int iK;```
		  ```double dX,dPower;```
		  ```dX=0.8;dPower=1.0;```
		  ```for(iK=1;iK<=10;iK++)```
		    ```dPower=dPower*dX;```
		  ```printf("Power=%f\n",dPower);```
		```}```

输出:Sum=5050	输出:iN=3628800	输出:Power=0.107374
求和算法 iSum 的初值为 0,因为 0 加任何数等于任何数	求阶乘算法 iN 的初值为 1;因为 1 乘任何数等于任何数	求阶乘算法 dPower 的初值为 1;因为 1 乘任何数等于任何数

2. 水仙花数算法

水仙花数算法属于分离数字算法,水仙花数指一个 3 位数,各位数字的立方和等于该数,例如 $153=1^3+5^3+3^3$。

例 5.2.2   求 3 位数 abc 的能被 3 整除的水仙花数。

解   求水仙花数采用分离数字算法,将一个三位数百位 a,十位 b 和个位 c 分离出来,判断各位数字的立方和等于该数,并且能被 3 整除。(文件名:sy5_2.c)

```
#include<stdio.h>
main()
{
int abc,a,b,c;
    for(abc=100;abc<1000;abc++)
    {   a=abc/100;              //分离出百位 a
        b=abc/10%10;            //分离出十位 b
        c=abc%10;               //分离出个位 c
        if((abc==a*a*a+b*b*b+c*c*c&&(a+b+c)%3==0)
        printf("abc=%d",abc);
    }
}
```

编译、连接、运行程序,屏幕输出 abc=153。

3. 用字符图形输出乘法表

在教材的 5.2.2 节介绍了字符图形的坐标分析方法,计算机的横坐标水平向右,纵坐标垂直向下。用循环的嵌套制作字符图形,外层循环对应着行的操作,用循环的初值和终

值确定行数,内层循环对应着列的操作,字符前的空格用内层循环打印空格进行定位,打印的字符或数值根据问题的要求进行打印。

例 5.2.3 分析表 5.2.2 五以内乘法表的程序,用坐标画出输出图形。

表 5.2.2 五以内乘法表的程序(文件名:sy5_3_1.c——sy5_3_6.c)

字符图形—矩形乘法表 1	字符图形—三角形乘法表 1	字符图形—三角形乘法表 2

`#include <stdio.h>`
`main()`
`{`
`int y,x;`
`for(y=1;y<=5;y++)`
`{for(x=1;x<=5;x++)`
`printf("%4d",y*x);`
`printf("\n");`
`}`
`}`
	`#include <stdio.h>`
	`main()`
	`{`
	`int y,x;`
	`for(y=1;y<=5;y++)`
	`{for(x=1;x<=y;x++)`
	`printf("%4d",y*x);`
	`printf("\n");`
	`}`
	`}`
		`#include <stdio.h>`
		`main()`
		`{`
		`int y,x;`
		`for(y=1;y<=5;y++)`
		`{for(x=1;x<=6-y;x++)`
		`printf("%4d",y*x);`
		`printf("\n");`
		`}`
		`}`

```
0           5 x
   1  2  3  4  5
   2  4  6  8 10
   3  6  9 12 15
   4  8 12 16 20
5  5 10 15 20 25
y
```

```
0           5 x
   1
   2  4
   3  6  9
   4  8 12 16
5  5 10 15 20 25
y
```

```
0           5 x
   1  2  3  4  5
   2  4  6  8
   3  6  9
   4  8
5  5
y
```

字符图形—矩形乘法表 2	字符图形—三角形乘法表 3	字符图形—三角形乘法表 4

`#include <stdio.h>`
`main()`
`{`
`int y,x;`
`for(y=-2;y<=2;y++)`
`{for(x=-2;x<=2;x++)`
`printf("%4d",y*x);`
`printf("\n");`
`}`
`}`
	`#include <stdio.h>`
	`main()`
	`{`
	`int y,x;`
	`for(y=1;y<=5;y++)`
	`{for(x=1;x<=6-y;x++)`
	`printf("   ");`
	`for(x=5-y;x<=5;x++)`
	`printf("%4d",y*x);`
	`printf("\n");`
	`}`
	`}`
		`#include <stdio.h>`
		`main()`
		`{`
		`int y,x;`
		`for(y=1;y<=5;y++)`
		`{for(x=1;x<=y-1;x++)`
		`printf("   ");`
		`for(x=y;x<=5;x++)`
		`printf("%4d",y*x);`
		`printf("\n");`
		`}`
		`}`

```
   4   2   0  -2  -4
   2   1   0  -1  -2
 --0---0---0---0---0-  x
  -2  -1   0   1   2
  -4  -2   0   2   4
                    y
```

```
0           5 x
                 5
              8 10
           9 12 15
        8 12 16 20
5  5 10 15 20 25
y
```

```
0           5 x
   1  2  3  4  5
      4  6  8 10
         9 12 15
           16 20
5             25
y
```

4. 素数算法

素数算法属于分离因子算法,素数是指一个数不存在除 1 外的因子,这是分离因子算法的特例,方法是采用遍除的方法,遍除 1 之外的所有整数,如果余数没有为 0 的数,该数则为素数。

例 5.2.4　寻找 300 到 400 之间的全部素数。

解　编写程序如下:(文件名:sy5_4.c)

```
#include <stdio.h>
#include <math.h>
main()
{
  int m,k,i,n=0,flag;
  for(m=301;m<400;m=m+2)
  {
    k=sqrt(m);
     flag=1;
    for(i=2;i<=k;i++)
        if(m%i==0){flag=0;i=k;}
    if(flag==1)printf("%d,",m);
  }
}
```

编译、连接、运行程序,屏幕输出为:

307,311,313,317,331,337,347,349,353,359,367,373,379,383,389,397

5. 余数算法

余数算法包括中国余数定理(韩信点兵)、水手分析椰子(五猴分桃)、猴子吃桃等常见算法。

例 5.2.5　猴子吃桃,猴子第 1 天摘了若干个桃子,当天吃了一半还多吃一个,第二天又将剩下的桃子吃掉一半又多吃一个,以后每天都吃下前一天的一半又多吃一个,到第 10 天只剩下 1 个桃子,求第 1 天摘了多少桃子?

解　设前一天剩下的桃子数为 x,当天为 y,x/2−1=y,整理后,x=(y+1)*2,第 10 天 y 的值为 1,从第 9 天递推到第 1 天,每天存在的桃子数分别为 4、10、22、46、94、190、392、766、1534,编制程序如下:(文件名:sy5_5.c)

```
#include <stdio.h>
main()
{
  int day=9,x,y=1;
  while(day>0)
  {x=(y+1)*2;
  y=x;
```

```
   day--;}
   printf("x=%d\n",x);
}
```

编译、连接、运行程序,屏幕输出为:1534

6. 其他算法

其他算法如求最大公约数和最小公倍数算法,在教材的第 5.3.3 节求最大公约数和最小公倍数算法中介绍了。排序算法将在第 6 章数组中再作介绍,此处不再详细说明。

5.2.2 案例分析

循环结构程序设计的知识点主要有当型循环语句和 for 循环语句。当型循环语句包括 while 循环语句、do-while 循环语句,for 循环是增量循环语句。循环之间可以相互嵌套,二层循环的嵌套组成二维平面操作,可以用图解法进行形象说明。可以用 continue 语句跳过本次循环体中余下尚未执行的语句,继续下一次循环条件的判定。可以用 break 语句跳出本层循环体,结束本层循环的执行。还可以用 if-goto 构成循环,用 if 语句判断循环的条件,条件为真,用 goto 语句实现向前跳转,条件为假,退出循环。

1. 程序设计中的数学思想

程序设计中采用的数学思想是提高编程质量的重要方法,例如,数学中的描述极限概念的 δ-ϵ 语言,应用到程序设计时,任给 ϵ 大于 0.0,取值为 1e-6,存在通项 t 的绝对值大于 0.0,随着项数的增加,一定会出现通项的绝对值小于 ϵ(即值为 1e-6),使表达式的值为 0,退出循环体。

例 5.2.6 已知 e^x 的泰勒级数为 $e^x=1+x/1!+x^2/2!+\cdots+x^n/n!+\cdots$,令 $x=1$,根据泰勒级数得到的求 e 近似公式为 $e=1+1/1!+1/2!+\cdots+1/n!+\cdots$,直到最后一项的绝对值小于 $10-6$ 为止,计算 e 的值。

解 e 近似公式为 $e=1+1/1!+1/2!+\cdots+1/n!+\cdots$ 用级数表示 e 的近似值,求级数算法的递推公式 $en=en-1+t$,其中 t 是通项,本例中 $t=t/n++$,t 和 e 均为双精度变量,编写的源程序如下:(文件名 sy5_6.c)

```
#include <stdio.h>        //包含输入/输出流头文件
#include <math.h>         //使用数学函数库
main()                    //主函数的返回值为整型
{
int n=1;                  //声明整型变量 n;
  double t=1,e=0;         //声明变量 e、通项 t 为双精度型变量;
  while(fabs(t)>1e-6)      //通项的绝对值小于一个给定的很小数值
  {e=e+t;                 //递推公式
    t=t/n++;}             //修改通项
printf("e=%f",e);         //输出 e
}
```

运行结果为

```
e=2.718282
```

注意：循环的判断条件不能为 0，可以给定一个比较小的数，理论上说浮点数的 0 是一个无限的过程。n、t 不能同时为整型变量，原因是两个整数相除结果为 0。

2. 字符图形的移轴方法

在教材的 5.2.2 节介绍了字符图形的坐标分析方法，计算机的横坐标水平向右，纵坐标垂直向下。可以通过移轴的方式分析对称字符图形，将横轴移到上下对称轴上。

例 5.2.7　根据表 5.2.3 给定图形，编制输出字符图形的程序。

解　对于给定的图形，利用移轴方法，将横轴移到上下对称轴上，因此，iY 轴的取值从 -4 到 4，共 9 行，上半轴为负，下半轴为正，iX 是 iY 的函数，用数学分析方法分析循环的终值条件，表 5.2.3 所示。

表 5.2.3　用移轴法编写字符图形

箭头形（文件名：sy5_7_1.c）	棱形（文件名：sy5_7_2.c）	内空棱形（文件名：sy5_7_3.c）

``c
#include"stdio.h"
main()
{
int iX,iY;
for(iY=-4;iY<=4;iY++)
{for(iX=0;iX<=abs(iY);iX++)
printf(" ");
for(iX=1;iX<=8;iX++)
printf("*");
printf("\n"); }
}
``
	``c
	#include"stdio.h"
	main()
	{
	int iX,iY;
	for(iY=-4;iY<=4;iY++)
	{for(iX=0;iX<=abs(iY);iX++)
	printf(" ");
	for(iX=1;iX<=9-abs(2*iY);
	iX++)
	printf("*");
	printf("\n");
	}
	}
	``
		``c
		#include"stdio.h"
		main()
		{ int iX,iY;
		for(iY=-4;iY<=4;iY++)
		{for(iX=0;iX<=abs(iY);iX++)
		    printf("*");
		for(iX=1;iX<=8-2*abs(iY);iX++)
		    printf(" ");
		for(iX=0;iX<=abs(iY);iX++)
		    printf("*");
		printf("\n"); }
		}
		``

3. 循环的图解分析法

分析循环结构的程序时，经常采用图解分析方法，分析程序的执行过程，常用的图解法有平面表格法和矩阵分析法。图解法分析循环程序时，先判断循环执行的最大次数，根据循环变量的增量方式分成 n 行，例如，for(i=0;i<11;i+=2)，循环变量增量为 2，i 依次等于 0、2、4、6、8 行共需要分析 5 行。列选择根据计算观察点选择显示的列。

例 5.2.8　用图解法分析表 5.2.4 程序的计算过程。

表 5.2.4　循环结构的图解分析（文件名:sy5_8.c）

Do-while 循环	矩阵分析法					平面表格法				
`#include <stdio.h>`	x	x++	x%3	s	x++	x	x++	x%3	s+=x%3;	x++
`main()`	0	x=1	1	1		0	x=1	1	s=0+1	——
`{`	1	x=2	2	3		1	x=2	2	s=1+2	——
`int x=0,s=0;`	2	x=3	0	3		2	x=3	0	s=3+0	——
`do`	3	x=4	1	4		3	x=4	1	s=3+1	——
`{x++;`	4	x=5	2	6		4	x=5	2	s=4+2	——
`if(x%3)s+=x%3;`	5	x=6	0	6		5	x=6	0	s=6+0	——
`}while(x<10);`	6	x=7	1	7		6	x=7	1	s=6+1	——
`x++;`	7	x=8	2	6		7	x=8	2	s=7+2	——
`printf("s=%d",s);`	8	x=9	0	9		8	x=9	0	s=9+0	——
`}`	9	x=10	1	10	11	9	x=10	1	s=9+1	11

4. continue 与 break 的分析

例 5.2.9　带 continue 与 break 的循环程序如表 5.2.5 所示,试用图解法分析输出结果。

表 5.2.5　带 continue 与 break 的循环的图解分析（文件名:sy5_9.c）

带 continue 与 break 的循环	矩阵分析法					平面表格法				
`#include <stdio.h>`	i	i++;	i%3	i%10	a+=i;	i	i++;	i%3	i%10	a+=i;
`main()`	0	i=1	1			0	i=1	1		
`{int i=0,a=0;`	1	i=2	2			1	i=2	2		
`while(i<11)`	2	i=3	0	3	a=3	2	i=3	0	3	a=3
`{i++;`	3	i=4	1			3	i=4	1		
`if(i%3)continue;`	4	i=5	2			4	i=5	2		
`if((i%10)==0)break;`	5	i=6	0	6	a=9	5	i=6	0	6	a=9
`else a+=i;`	6	i=7	1			6	i=7	1		
`}`	7	i=8	2			7	i=8	2		
`printf("%d\n",a);`	8	i=9	0	9	s=18	8	i=9	0	9	s=18
`}`	9	i=10	1	0	退出	9	i=10	1	0	退出

解　图解法分析循环程序时,先判断循环执行的次数从 0 到 9,执行 i++r 后 i=10,计算 i%10 结果为 0,跳出循环,执行循环体外的下一条语句。计算观察点选择 i,i++;,i%3,i%10,a+=i;,分析从第一行 i=0 开始,直到 i=9 行,每行依次计算各观察点的值,遇到执行 continue 语句,其后的观察点不计算,遇到执行 break 语句,跳出循环。

5. 循环嵌套的图解分析

用图解法分析二重循环的嵌套,一般将外层循环对应着行,内层循环对应着列,列的计算观测点要简单明晰。

例 5.2.10　二重循环的嵌套程序如表 5.2.6 所示,试用图解分析法分析程序执行过程。

表 5.2.6　循环嵌套的图解法(文件名:sy5_10.c)

二重循环的嵌套	矩阵分析法				平面表格法			
`#include <stdio.h>`	s+y/x	x=1	x=2	x=3	x=4	s+y/x	x=1	x=2	x=3	x=4
`main()`	y=1	0+1	1+0	1+0	1+0	y=1	0+1	1+0	1+0	1+0
`{`	y=2	1+2	3+1	4+0	4+0	y=2	1+2	3+1	4+0	4+0
`int x=4,y=10,s=0;`	y=3	4+3	7+1	8+1	9+0	y=3	4+3	7+1	8+1	9+0
`for(y=1;y<5;y++)`	y=4	9+4	13+2	15+1	16+1	y=4	9+4	13+2	15+1	16+1
`　for(x=1;x<5;x++)`										
`　　{s+=y/x;`										
`}`										
`printf("s=%d\n",s);`										
`}`										

解　用图解分析时,根据外层循环对应着行,内层循环对应着列的图解原则布局,计算观察点 s+y/x 写成和的形式,可以看出和的变化和各项中的整除结果,这样书写便于检查。运行该程序,输出结果为 s=17。

5.3　习题与解答

5.3.1　练习题

1. 判断题(共 10 小题,每题 2 分,共 20 分)

(1) 循环语句是指重复执行两次及二次以上的语句。　　　　　　　　　(　　)

(2) do-while 循环语句属于当型循环语句。　　　　　　　　　　　　(　　)

(3) 只要含有 goto 语句的程序都是非结构化程序。　　　　　　　　　(　　)

(4) 每执行一次循环体,必须要修改循环变量,使循环变量朝出口条件变化。(　　)

(5) do…while 循环与 while 循环的循环终止条件不同,do…while 循环是当表达式的值为 0 执行循环体,当表达式的值非 0,退出循环体。　　　　　　　　(　　)

(6) for 循环中用 2 个分号分割三个表达式,分号是分割符不是表达式语句。(　　)

(7) for 循环中的表达式 3 是在判断表达式 2 后,执行循环体之前执行。　(　　)

(8) for 语句中的表达式可以全部省略,但两个分号";"不能省略。　　　(　　)

(9) break 语句只能用于循环结构,不能在其他结构中使用。　　　　　(　　)

(10) continue 语句是跳过本次循环体中余下未执行的语句,继续判断下一次循环条件。

　　　　　　　　　　　　　　　　　　　　　　　　　　　　　　　(　　)

2. 单选题(共 10 小题,每题 2 分,共 20 分)

(1) 已知整型变量 a=8,执行 C 语句 while(a——>4)——a;printf("a=%d",a);

后,输出的结果是(　　)。

　　　A. a=3　　　　　　B. a=4　　　　　　C. a=5　　　　　　D. a=7

(2) 已知整型变量 a=8,执行 C 语句 while(a--<4)--a;printf("a=%d",a);
后,输出的结果是(　　)。

　　　A. a=3　　　　　　B. a=4　　　　　　C. a=5　　　　　　D. a=7

(3) 已知整型变量 num=0;执行 C 语句 while(num<=2){num++;printf("%d\n",
num);}后,输出的结果是(　　)。

　　　A. 1　　　　　　B. 2　2　　　　　　C. 1　2　3　　　　　D. 1　2　3　4

(4) 已知整型变量 x=3;执行 C 语句 do{printf("%3d",x-=2);}while(! (--x));
后,输出的结果是(　　)。

　　　A. 1　　　　　　B. 1-2　　　　　　C. 3　0　　　　　　D. 死循环

(5) 已知整型变量 i,sum=0,执行 C 语句 for(i=1;i<6;i++)sum+=sum;printf
("%d\n",sum);后,输出结果是(　　)。

　　　A. 0　　　　　　B. 不确定　　　　　C. 14　　　　　　D. 15

(6) 已知整型变量 x=4;执行 C 语句 while(x--);printf("%d\n",x);后,输出结
果是(　　)。

　　　A. -1　　　　　　B. 0　　　　　　C. 3　　　　　　D. 4

(7) 下面程序的输出结果是(　　)。

　　　A. 9　　　　　　B. 10　　　　　　C. 11　　　　　D. 1

```
#include <stdio.h>              //(文件名:sy5_10_1.c)
main()
{
  int k,j,s;
  for(k=2;k<6;k++,k++)
  {s=1;
   for(j=k;j<6;j++)s+=j;
}
  printf("%d\n",s);
}
```

(8) 以下程序段的输出是(　　)。

　　　A. 12　　　　　　B. 15　　　　　　C. 20　　　　　　D. 25

```
#include <stdio.h>              //(文件名:sy5_10_2.c)
main()
{
  int i,j,m=0;
for(i=1;i<=15;i+=4)
for(j=3;j<=19;j+=4)
m++;
printf("%d\n",m);
}
```

(9) 下面程序的输出是(　　　)。

　A. 10　　　　　　　　B. 100　　　　　　　　C. 200　　　　　　　　D. 1024

```c
#include <stdio.h>              // (文件名:sy5_10_3.c)
main()
{
int k=1,n=10,m=1;
while(k<=n)
{m*=2;k++;
}
printf("%d",m);
}
```

(10) 执行下面的程序后,i 的值为(　　　)。

　A. 3　　　　　　　　B. 2　　　　　　　　C. 1　　　　　　　　D. 0

```c
#include <stdio.h>              // (文件名:sy5_10_4.c)
main()
{
 int i,j,s=0;
for(i=0,j=4;i<=j+1;i++,j--)
s+=i;
printf("%d\n",i);
}
```

3. 填空题(共 10 小题,每题 2 分,共 20 分)

(1) 循环结构的循环变量、循环(　　　　　　)和(　　　　　　)称为循环结构的三要素。

(2) (　　　　　)循环语句和(　　　　　　　)循环语句是当型循环语句,for 循环是增量循环语句。

(3) while 循环是先判断循环终止条件,当表达式(　　　　　),执行循环体,当表达(　　　　　　)退出循环的循环语句。

(4) do-while 循环是先(　　　　　　　),再(　　　　　　　　)的循环语句。

(5) for 循环中的表达式 1 表示循环变量的(　　　　　);(　　　　　　)表示根据增量表达式修改循环变量。

(6) for 循环中的表达式 2 判断(　　　　　　　)的关系表达式,表达式 2 可以与(　　　　　　)无关。

(7) 嵌套的循环结构是指循环语句的(　　　　　)又包含另一个(　　　　　　),形成循环套循环的语句结构。

(8) C 语言的平面坐标系由向(　　　)的 x 轴和向(　　　)的 y 轴组成的坐标系。

(9) 在多分支结构中用 break 语句跳出(　　　　　　)。在循环结构中,用 break 语句跳出(　　　　　　　)。

(10) (　　　　　　)是无条件跳转语句,与(　　　　　　)搭配作用。

4．简答题（共 5 小题，每题 4 分，共 20 分）

（1）什么叫循环结构？

（2）分析 while 循环与 do-while 循环的差异。

（3）什么是 for 循环？for 循环如何执行？

（4）分析 break 语句和 continue 语句的差异。

（5）什么是经典算法？

5．编程题（共 5 小题，每题 4 分，共 20 分）

1）求和算法

例 5.3.1　编写求 $1-3+5-7+\cdots-19+21$ 之值的程序。

2）鸡兔同笼

例 5.3.2　鸡兔同笼有头 15 个，脚 40 只，试用循环查找求笼中鸡有多少只？兔有多少只？

3）九九乘法表

例 5.3.3　编制九九乘法表，分别用矩形、上三角形和下三角形三种方式输出结果。

4）分类统计字符

例 5.3.4　输入一字符串，分别统计出其中英文字母、空格、数字和其他字符的个数。

5）分离数字算法

例 5.3.5　试编程求十进制轮巡数 142857 的 1 倍、2 倍、3 倍、4 倍、5 倍、6 倍值的数码之和。

5.3.2　习题解答

1．判断题

（1）F　（2）T　（3）F　（4）T　（5）F　（6）T　（7）F　（8）T　（9）F　（10）T

2．单选题

(1) A　(2) D　(3) C　(4) B　(5) A　(6) A　(7) B　(8) C　(9) D　(10) A

3．填空题

(1)（终止条件）、（循环体）　　　　(2)（while）、（do-while）

(3)（非 0）、（为 0）　　　　　　　(4)（执行循环体）、（判断循环终止条件）

(5)（初值）、（表达式 3）　　　　　(6)（终值条件）、（循环变量）

(7)（循环体内）、（循环语句）　　　(8)（右）、（下）

(9)（switch 语句体）、（本层循环体，结束本层循环的执行）。

(10)（goto 语句）、（语句标号）

4．简答题

(1) 循环结构是对同一程序段重复执行若干次的语句结构，被重复执行的程序段称为循环体；判断表达式是否非 0，决定循环继续执行还是中止循环，表达式称为循环终止条件。

(2) while 循环与 do-while 循环都属于当型循环，当表达式值非 0，执行循环体，表达式为 0 退出循环。while 循环是先判断循环终止条件，再执行循环体，因此，有可能循环体一次也不执行。do-while 循环是先执行循环体，再判断循环终止条件的循环语句，因此，循环体至少要执行一次。

(3) for 循环是增量循环，由初值、循环终止条件和增量三表达式构成的循环语句，for 循环语句的语法格式为：

　　　for（表达式 1；表达式 2；表达式 3）循环体

for 循环的执行步骤是先计算"表达式 1"，确定循环变量的初值；计算"表达式 2"，判断终值条件，若表达式 2 的值为非 0，执行一次 for 循环体，计算"表达式 3"，修改循环变量，计算"表达式 2"，判断终值条件；若表达式 2 的值为 0，结束循环。

(4) break 语句和 continue 语句都能用于循环结构，控制循环体的执行。break 语句可以用在循环体内和 switch 语句体内，continue 语句只能用于循环体内。break 语句可以跳出本层循环体，结束本层循环的执行。continue 语句是跳过本次循环体中余下未执行的语句，继续判断下一次循环条件。

(5) 经典算法是根据实际问题的规律性直接编写出逻辑严谨的算法。

5．编程题

(1) 求和算法属于求级数算法，算法虽然简单，但也存在变化，本例只出现奇数和符号的交替变化，编程时，要注意循环变量的增量和符号的变化。

循环变量 i 初值为 1，每次循环 i 递增量为 2，按 1,3,5,7,9…循环，然后每次求和时改变符号，实现对负数求和。对于奇数等差数列改变符号的算法可以用 i 的表达式满足 $(i-1)\%4==0$，则为正号，执行 s+=i；，否则执行 s-=i；。也可以直接用 n=-n；变号，奇数 i=i+2；用通项公式 t=n*i；求通项 t，再用求和公式 s+=t；求 s。

用 (i−1)%4==0 判断符号(文件名:sy5_11_1.c)	用通项公式变号分析(文件名:sy5_11_2.c)

<pre>#include <stdio.h>
  main()
  {
     int i,s=0;
     for(i=1;i<=21;i+=2)
          if((i-1)%4==0)
            s+=i;
          else s-=i;
     printf("%d\n",s);
  }</pre>
	<pre>#include <stdio.h>
	  main()
	  {
	     int i=1,n=1,t=1,s=0;
	     while(i<=21)
	     { s+=t;
	        i=i+2;n=-n;
	        t=n*i;
	        printf("%d\n",s);}
	  }</pre>

运行结果为:s=11	运行结果为:s=11

（2）鸡兔同笼问题是确定方程的求解,可以用循环查找的方式进行查找,查找到满足条件的值。设鸡为 x,兔为 y,鸡最多不超过 15 只,兔最多不超过 10 只,x 与 y 的取整数值并满足逻辑表达式 x+y==15&&2*x+4*y==40,编制程序如下:(文件名:sy5_12.c)

```
#include<stdio.h>
  main()
  {
      int x,y;
      for(x=1;x<15;x++)
        for(y=1;y<20;y++)
          if(x+y==15&&2*x+4*y==40)
             printf("%d,%d\n",x,y);
  }
```

（3）编制九九乘法表属于平面字符图形一类算法,用循环的嵌套显示乘法表,其中外层循环对应着行,内层循环对应列,修改内层循环的终值条件,可以改变显示的形状。下面分别用矩形、上三角形和下三角形三种方式显示九九乘法表(文件名:sy5_13_1.c—sy5_13_3.c)

程序

<pre>#include <stdio.h>
main()
{
    int x,y,p;
    printf("\n");
    for(y=1;y<10;y++)
    {for(x=1;x<10;x++)
    { p=y*x;
printf("%d*%d=%-4d",y,x,p);
    }
    printf("\n");
    }
}</pre>

显示图形

1＊1＝1	1＊2＝2	1＊3＝3	1＊4＝4	1＊5＝5	1＊6＝6	1＊7＝7	1＊8＝8	1＊9＝9
2＊1＝2	2＊2＝4	2＊3＝6	2＊4＝8	2＊5＝10	2＊6＝12	2＊7＝14	2＊8＝16	2＊9＝18
3＊1＝3	3＊2＝6	3＊3＝9	3＊4＝12	3＊5＝15	3＊6＝18	3＊7＝21	3＊8＝24	3＊9＝27
4＊1＝4	4＊2＝8	4＊3＝12	4＊4＝16	4＊5＝20	4＊6＝24	4＊7＝28	4＊8＝32	4＊9＝36
5＊1＝5	5＊2＝10	5＊3＝15	5＊4＝20	5＊5＝25	5＊6＝30	5＊7＝35	5＊8＝40	5＊9＝45
6＊1＝6	6＊2＝12	6＊3＝18	6＊4＝24	6＊5＝30	6＊6＝36	6＊7＝42	6＊8＝48	6＊9＝54
7＊1＝7	7＊2＝14	7＊3＝21	7＊4＝28	7＊5＝35	7＊6＝42	7＊7＝49	7＊8＝56	7＊9＝63
8＊1＝8	8＊2＝16	8＊3＝24	8＊4＝32	8＊5＝40	8＊6＝48	8＊7＝56	8＊8＝64	8＊9＝72
9＊1＝9	9＊2＝18	9＊3＝27	9＊4＝36	9＊5＝45	9＊6＝54	9＊7＝63	9＊8＝72	9＊9＝81

程序

```c
#include <stdio.h>
main()
{
    int x,y,p;
    printf("\n");
    for(y=1;y<10;y++)
    {for(x=1;x<=y;x++)
    {  p=y*x;
printf("%d*%d=%-4d",y,x,p);
    }
    printf("\n");
    }
}
```

显示图形

```
1*1=1
2*1=2  2*2=4
3*1=3  3*2=6  3*3=9
4*1=4  4*2=8  4*3=12 4*4=16
5*1=5  5*2=10 5*3=15 5*4=20 5*5=25
6*1=6  6*2=12 6*3=18 6*4=24 6*5=30 6*6=36
7*1=7  7*2=14 7*3=21 7*4=28 7*5=35 7*6=42 7*7=49
8*1=8  8*2=16 8*3=24 8*4=32 8*5=40 8*6=48 8*7=56 8*8=64
9*1=9  9*2=18 9*3=27 9*4=36 9*5=45 9*6=54 9*7=63 9*8=72 9*9=81
```

程序

```c
#include <stdio.h>
main()
{
    int x,y,p;
    printf("\n");
    for(y=1;y<10;y++)
    {for(x=1;x<=10-y;x++)
    {  p=y*x;
  printf("%d*%d=%-4d",y,x,p);
    }
    printf("\n");
    }
}
```

显示图形

```
1*1=1  1*2=2  1*3=3  1*4=4  1*5=5  1*6=6  1*7=7  1*8=8  1*9=9
2*1=2  2*2=4  2*3=6  2*4=8  2*5=10 2*6=12 2*7=14 2*8=16
3*1=3  3*2=6  3*3=9  3*4=12 3*5=15 3*6=18 3*7=21
4*1=4  4*2=8  4*3=12 4*4=16 4*5=20 4*6=24
5*1=5  5*2=10 5*3=15 5*4=20 5*5=25
6*1=6  6*2=12 6*3=18 6*4=24
7*1=7  7*2=14 7*3=21
8*1=8  8*2=16
9*1=9
```

（4）利用 while 语句，条件为输入的字符不为'\n'。（文件名：sy5_14.c）

```c
#include"stdio.h"
main()
{
    char c;
    int letters=0,space=0,digit=0,others=0;
    printf("please input some characters\n");
    while((c=getchar())!='\n')        //通过循环接收字符,以回车符作为字符串的结束
    {
        if(c>='a'&&c<='z'||c>='A'&&c<='Z')        //判断是否为字母
            letters++;
        else if(c=='')                            //判断是否为空格
            space++;
        else if(c>='0'&&c<='9')                   //判断是否为数字
            digit++;
        else                                      //其他字符
            others++;
    }
    printf("char=%d  space=%d  digit=%d  others=%d\n",letters,space,digit,
    others);
}                                                 //函数体结束
```

编辑、编译、运行该程序，输入 ABC123 def456；\"'输出结果为

```
char=6  space=3  digit=6  others=4。
```

（5）十进制轮巡数 142857 的 1 倍 142857、2 倍 285714、3 倍 428571、4 倍 571428、5 倍 714285、6 倍 857142，都是由数码 1、2、4、5、7、8 组成，之和为 27。

用分离数字算法分离各位数字，然后求各位数字之和。编制程序如下：

```c
#include <stdio.h>              //（文件名：sy5_15.c）
main()
```

```
    {
        int x1_6=142857,y,y1,y2,y3,y4,y5,y6,k,s;
        for(k=1;k<=6;k++)
        {   y=x1_6*k;
            y1=y/100000;
            y2=y/10000%10;
            y3=y/1000%10;
            y4=y/100%10;
            y5=y/10%10;
            y6=y%10;
            s=y1+y2+y3+y4+y5+y6;
            printf("x%d=%d,  sum%d=%d\n",k,y,k,s);
        }
    }
```

编辑、编译、运行该程序,输出结果为

```
x1=142857,  sum1=27
x2=285714,  sum2=27
x3=428571,  sum3=27
x4=571428,  sum4=27
x5=714285,  sum5=27
x6=857142,  sum6=27
```

5.4　循环结构程序设计实验

5.4.1　循环结构程序设计

C 语言中常用的循环结构包括 While 循环结构、do……While 循环结构和 For 循环结构三种类型,循环结构程序设计的语法要素包括循环之前对循环中使用的变量赋初值,循环变量的初值、循环的终止条件,执行的循环体和循环变量的增量。不同类型的循环结构,语法要素出现的位置不同。给循环体中使用的变量赋初值,要根据运算规则进行设置。

1. 循环类型比较

比较 While 循环结构、do……While 循环结构和 For 循环结构,

例 5.4.1　将表 5.2.1 的求和、求阶乘、求幂算法程序改写成不同类型的循环结构,编如表 5.4.1 程序。

表 5.4.1 改写求和、求阶乘、求幂算法程序

求和(文件名:sy5_16_1.c)	求阶乘(sy5_16_2.c)	求幂(文件名:sy5_16_3.c)	注释
#include <stdio.h>	#include <stdio.h>	#include <stdio.h>	包含头文件
main()	main()	main()	主函数
{	{	{ int iK;	主函数开始
int iK,iSum;	int iK,iN;	double dX,dPower;	变量声明
iSum=0;	iN=1;	dX=0.8; dPower=1.0;	循环体中变量初值
iK=1;	iK=1;		循环变量初值
while(iK<=100)	do	for(iK=1;iK<=10;iK++)	循环结构标识
{ iSum=iSum+iK;	{ iN=iN*iK;	dPower=dPower*dX;	迭代
iK++;}	iK++;}		循环变量增量
	while(iK<=10);	printf("Power=%f\n",	循环终值条件
printf("Sum=%d\n",iSum);	printf("In=%d\n",iN);	dPower);	输出
}	}	}	循环体结束
输出:Sum=5050	输出:iN=3628800	输出:Power=0.107374	
求和算法 iSum 的初值为 0,因为 0 加任何数等于任何数	求阶乘算法 iN 的初值为 1;因为 1 乘任何数等于任何数	求幂算法 dPower 的初值为 1;因为 1 乘任何数等于任何数	
先判断终值条件,再执行循环体。在循环体中修改循环变量	先执行循环体,再判断终值条件,在循环体中修改循环变量	从初值开始,先判断再执行循环体,后修改循环变量	

编循环程序时,可从三种类型的循环中任选一种。

注意:while 循环的循环体可能一次也不执行,do-while 循环的循环体至少要执行一次,for 循环的表达式 3 是执行完循环体后才执行。

2. 图解法编程循环程序

用图解法可以帮助用户编制循环结构程序,字符图形可以视为一种程序框架,由外层循环嵌套两个并列的内层循环构成,例如用坐标法将字符图形画出后,根据外层循环对应行,内层循环对应列,用空格定位,用字符绘制图形,可以画出平面字符图形。

例 5.4.2 已知字符图形如图所示,试编程。

解 根据图形画出计算机坐标,iY 取值从 −5 到 5 对应 11 行;用空格定位,iX 从 1 列到 iX<=5−abs(iY)列输出空格;输出字符个数,iX 从 1 列到 iX<=abs(2*iY)+1 输出"*"。编制程序如表 5.4.1 所示。

字符图形	程序(文件名:sy5_17.c)
| (见图) | ```
#include "stdio.h"
main()
{
int iX,iY;
for(iY=-5;iY<=5;iY++)
{for(iX=1;iX<=5-abs(iY);iX++)
printf("");
for(iX=1;iX<=abs(2*iY)+1;iX++)
printf("*");
printf("\n");}
}
``` |
```

3. 不定方程组——百钱买百鸡

鸡母、鸡公、小鸡的价格不同，鸡母价高，鸡公次之，小鸡又次之，用百钱买百鸡，这类问题属于方程组的个数少于变量个数的不定方程，用穷举法查找方程的整数值。

例 5.4.3　鸡母 1 值钱 5、鸡公 1 值钱 3、小鸡 4 只值钱 1，百钱买百鸡，问鸡母、鸡公、小鸡各买多少只？

解　设鸡母为 x，鸡公为 y，小鸡为 z，根据百只鸡列方程，则有方程 $x+y+z=100$，根据百钱买百鸡列方程，有方程 $5x+3y+z/4=100$，由于还差一个方程，不能直接求解，可以采用穷举法查找合理的值，即不出现小数的鸡。

解法一　用单循环查找：因为鸡母 x 的值不能超过 20，通过循环来查找 x，x 的取值范围在 1 到 19，将 y、z 表示成 x 的函数，得到方程 $y=(300-19*x)/11$；与 $z=(800+8*x)/11$；，取 y、z 两个值均为整数值的逻辑表达为 $(300-19*x)\%11==0\&\&(800+8*x)\%11==0$。编制程序如下：(文件名：sy5_18_1.c)

```
#include <stdio.h>
main()
{
    int x,y,z;
    for(x=1;x<20;x++)
    {
        y=(300-19*x)/11;
        z=(800+8*x)/11;
        if((300-19*x)%11==0&&(800+8*x)%11==0)
        printf("%d,%d,%d\n",x,y,z);
    }
}
```

编辑、编译、运行该程序，输出结果为 10,10,80

解法二　用三重循环查找：根据鸡母 x 的值不能超过 20，鸡公 y 的值不能超过 33，小鸡 z 的值不能超过 100，用三重循环查找满足逻辑表达式 $x+y+z==100\&\&5x+3y+z/4==100$ 的 x、y、z 的值，编制程序如下：(文件名：sy5_18_2.c)

```
#include <stdio.h>
main()
{
    int x,y,z;
    for(x=1;x<20;x++)
      for(y=1;y<34;y++)
        for(z=4;z<100;z+=4)
          if(x+y+z==100&&5*x+3*y+z/4==100)
          printf("%d,%d,%d\n",x,y,z);
}
```

编辑、编译、运行该程序，输出结果为 10,10,80

4. 五猴分桃

例 5.4.4　有五只猴子采摘一堆桃子,商量第二天分桃子,安排 5 只猴子轮流值班守桃子。一只猴子值班时,把桃分五份,多一个,自己吃掉一个再拿走自己的一份;第二只猴子值班时,把剩余的桃子又分成五份,也多了一个,自己吃掉多的一个再拿走自己的一份;第三、四、五只值班时,也照此办理,试求桃子原有多少? 第五只猴子值班完后还剩多少桃子。

解　设原有桃子有 x1 个,每个值班的猴子都将桃子分五份多一个,吃掉多出的那一个,后再拿走自己的一份,剩下 $x2=(x1-1)*4/5$、$x3=(x2-1)*4/5$、$x4=(x3-1)*4/5$、$x5=(x4-1)*4/5$、$x6=(x5-1)*4/5$;将 $x2=(x1-1)*4/5$;整理变形得 $(x2+4)=(4/5)*(x1+4)$。同理,有 $x3+4=(x2+4)*4/5$、$x4+4=(x3+4)*4/5$、$x5+4=(x4+4)*4/5$、$x6+4=(x5+4)*4/5$,即 $\{xn+4\}$ 是以 4/5 为公比的等比数列 $n=1、2、3、4、5、6$,所以 $x6+4=(4/5)*(4/5)*(4/5)*(4/5)*(4/5)*(x1+4)$;要使桃子数为正整数,必须满足 $x1+4=5*5*5*5*5*k$,当 $k=1$ 时,$x1=3125-4=3121$,$x6=1020$。编制程序时确定 x 的取值范围为 $4^5<x<5^5$,重复执行 5 次循环体,由递推公式 $(x2+4)=(4/5)*(x1+4)$,写成循环体语句为 $y=(y+4)*4/5-4$;编制程序如下:(文件名:sy5_19.c)

```c
#include <stdio.h>
main()
{
    int k,x,y;
    for(x=1024;x<=3125;x++)
    {   y=x;
    for(k=1;k<=5;k++)
        if((y+4)%5==0)
        {   y=(y+4)*4/5-4;
        if(k==5)printf("%d,%d\n",x,y);}
        else break;
    }
}
```

编辑、编译、运行该程序,输出结果为 3121,1020。

5. 斐波那契(Fibonacci)数列

斐波那契数列为 0,1,1,2,3,5,8,13,21,…,即第个数总是前两个数字之和,使用迭代公式可以计算出指定的前 n 项斐波那契数列。

例 5.4.5　已知斐波那契数列的递推关系式为:

$fib(1)=0;fib(2)=1;$

$fib(n)=fib(n-1)+fib(n-2)$　　　　$(n>2)$。

试编程计算前 32 项斐波那契数列。

解　设初值当 $n=1$ 时 $f1=0$,$n=2$ 时 $f2=1$,当 $2<n<=32$ 时,$f1=f1+f2$,$f2=f2+f1$,

编制方程如下:(文件名:sy5_20.c)

```
#include <stdio.h>
main()
{
    int k,f1=0,f2=1;
    printf("%8d%8d",f1,f2);
    for(k=1;k<=15;k++)
    {   f1=f1+f2;
        f2=f2+f1;
        if(k%4==0)printf("\n");
        printf("%8d%8d",f1,f2);
    }
    printf("\n");
}
```

编辑、编译、运行该程序,输出结果为:

0	1	1	2	3	5	8	13
21	34	55	89	144	233	377	610
987	1597	2584	4181	6765	10946	17711	28657
46368	75025	121393	196418	317811	514229	832040	1346269

5.4.2　预习作业与实验报告

_____大学_____学院实验报告

课程名称:C 语言程序设计　　　实验内容:选择结构程序设计　　　指导教师:

系部:　　　　　　　　　专业班级:

姓名:　　　　　　　　　学号:　　　　　　　　　　　　成绩:

一、实验目的

(1)掌握 if-goto 语句构成的循环、while 循环、do⋯⋯while 循环、for 循环语句的使用方法。

(2)掌握循环嵌套的功能和使用方法。

(3)掌握 continue 语句、break 语句的功能与使用方法。

(4)掌握程序设计的基本方法,积累常用算法。

二、预习作业(每小题 5 分,共 40 分)

1. 程序填空题:试在括号中填入正确的答案,并上机验证程序的正确性。

(1)已知 $x=0.6$,$n=10$,试编程求 $\sum x^n/n!$。(文件名:ex5_21.c)

```
#include<stdio.h>
main()
{int k,n=8;
float t=1.0,x=0.8;
double s=0.0;
for(k=1;k<=n;k++)
   (              );
   (              );
printf("%f,%f\n",t,s);
}
```

(2) 已知变量 y 的初值为 10,执行程序输出的结果为(　　　　)。(文件名:ex5_22.c)

```
#include<stdio.h>
main()
   {
   (              )
   do{y--;}while(--y);
   printf("%d\n",y--);
   }
```

2. 程序改错并上机调试运行。

(1) 输入一个浮点数 a,把该数精确到小数点后的两位赋给 b,请改正程序中的错误。
(文件名:ex5_23.c)

```
#include <stdio.h>
main(  )
/**********found**********/
{  float a=12.3456,b;
   b=int(a*100+0.5)/100.0;
   frintf("%f,%f\n",&a,b);
}
```

(2) 用辗转除法求最大公约数,请改正程序中的错误。(文件名:ex5_24.c)

```
#include <stdio.h>
main()
{   int a,b,t,r;
   /**********found**********/
scanf("%d,%d",a,b  );
   if(a>b){a=b;b=a;}
   r=a%b;
   while(r!=0){a=b;b=r;r=a%b;}
   printf("%d\n",,b);
}
```

3. 读程序写结果并上机验证其正确性。

(1) 编译下面程序,修改其中的错误,运行以下程序后,如果从键盘上输入 china#
<回车>,则输出结果为(　　)。(文件名:ex5_25.c)

```
#include <stdio.h>
main(  )
{   int v1=0,v2=0;
    char ch;
while((ch=getchar())!='#')
switch(ch)
{case'a':
case'h':;
default;v1++;
case'i';v2++;   }
    printf("%d,%d\n",v1,v2);
}
```

（2）写出程序后运行的结果是（　　　　　　　　　　）。（文件名:ex5_26.c）

```
#include "stdio.h"
main()
{   int iX,iY;
    for(iY=-4;iY<=4;iY++)          //外层循环控制行变化,9 行
    {   for(iX=1;iX<=5-abs(iY);iX++)   printf(" ");
                                    //内层循环控制列变化,空格定位
      for(iX=0;iX<=abs(iY);iX++)printf("*");
                                    //内层循环控制列变化,输出 * 号
            printf("\n");           //每行换行一次
    }
}
```

4. 编程题。（选做其中二小题）

（1）已知 $\sin(x)=x-x^3/3! +x^5/5! -x^7/7! +x^9/9! -x^{11}/11! +\cdots$，用级数求 $\sin(3.1415926/6)$ 的值。（文件名:sy5_27.c）

（2）试用辗转减法编程,求最大公约数。（文件名:sy5_28.c）

（3）试编程求 100 到 200 之间的全部素数。（文件名:ex5_29.c）

三、调试过程（调试记录 10 分、调试正确性 10 分、实验态度 10 分）。

（1）分别调试预习作业,验证预习作业的正确性。

（2）详细记录调试过程,记录出现的错误,提示信息。

（3）记录解决错误的方法,目前还没有解决的问题。记录每个程序的运行结果,思索一下是否有其他的解题方法。

（4）分别将文件按指定的文件名存入考生文件夹中,并上交给班长。

四、分析与总结（每个步骤 10 分）。

（1）分析实验结果,判断结果的合理性及产生的原因。

（2）总结实验所验证的知识点。

（3）写出实验后的学习体会。

第6章　数组指导与实训

6.1　教材的预习及学习指导

6.1.1　教材预习指导

数组是相同类型元素构造的数据类型。数组由数组名和下标组成,数组名是数组整体的命名,表示数组的首地址。下标表示数组元素的序号,用方括号括起的序号表示下标,数组名和下标可以唯一地标识数组中的任意一个元素。

数组必须先定义后使用,在程序的声明部分声明数组的类型、名称和数组长度,并可为数组赋初值;引用数组是用数组名和下标引用数组元素,每个数组元素用不同的下标相互区别,引用数组的下引不能超过声明时定义的长度。例如,声明数组 int iA[4];数组的长度为 4,包括数组元素,iA[0],iA[1],iA[2],iA[3]共 4 个元素,引用 iA[4]是错误的,已经超越了数组定义的长度。数组经常使用循环语句进行访问,依次访问每一个数组元素。

本章主要介绍数组。第 1 节主要讲整型数组与实型数组,介绍数组的声明、数组的初始化、数组的引用、数组的输入与输出,以及数组的图解分析方法。预习的重点是一维数组的声明,一维数组的初始化、一维数组的引用、一维数组的输入与输出;以及二维数组的声明,二维数组的初始化、二维数组的引用、二维数组的图解分析法。

第 2 节介绍了字符数组,字符数组的数据类型是字符型的数组,因此字符数组的声明、字符数组的初始化、字符数组的引用、字符数组的输入/输出与数组的完全一致。预习的重点包括字符串的结束标志,字符数组的初始化,字符数组的引用,字符数组的输入输出以及处理字符串的常见标准函数。字符数组的运算分为字符数组元素的运算和字符数组的整体运算,字符数组元素的运算与数组完全相同,字符数组的整体运算必须使用字符函数进行运算,不能使用一般的运算符,因此处理字符的标准函数也是预习的重点。

6.1.2　教材学习指导

1. 数组的基本概念

◎ 数组是一组具有相同类型数据的有序元素的集合。数组属于构造类型,由同一种基本类型数据按顺序依次存储在内存单元之中。

◎ 数组由数组名和下标组成。例如 iA[4],数组名是数组整体的命名,表示数组的首地址。下标表示数组元素的序号,用方括号括起的序号表示下标,数组名和下标可以唯一地标识数组中的任意一个元素。

◎ 数组具有类型属性,同一数组中的每一个元素都具有同一数据类型,用类型说明语句定义数组,数组必须先定义,后使用。定义了数组后,数组以数组名作为首地址占据内存中一片连续的存储单元,每个元素占据存储单元和数目相同。

◎ 可以在声明数组类型时给数组元素赋初值,声明数组元素时数组下标的值表示数组元素的个数。

◎ 引用数组元素时,数组下标的值表示当前序号的数组元素,每个数组元素可以看成是一个变量进行计算和处理,用循环语句,构成对整个数组元素的运算。

◎ 数组的输出用格式控制符"%s",输出'\0'前的字符串。

◎ 只有一个下标的数组如 iA[4]称为一维数组。

◎ 叫以在声明一维数组时对数组初始化。

◎ 可以给全部数组元素赋初值,可以给部分数组元素赋初值,各元素按顺序从前到后依次赋值,初值不足的元素赋 0 值。

◎ 用"数组名[下标]"引用一维数组。

◎ 有两个下标的数组如 iB[3][3]称为二维数组。

◎ 可以在声明二维数组时对数组初始化。

◎ 用"数组名[下标][下标]"引用二维数组。

◎ 二维数组的图解方法包括二维表表示法与矩阵表示法。

◎ C 语言只定义字符串常量,简称字符串,没有字符串变量,用字符数组处理字符串,字符数组是类型为字符型的数组,字符数组的声明、初始化和引用与数组完全相同。

◎ 字符串是用双引号括起来的若干有效字符的集合。字符串常量在内存中存储时,系统自动在字符串常量后面加一个字符串结束标志,用字符'\0'表示,字符'\0'在内存中单独占一个字符的位置。

◎ 用于存放字符数据的数组被称为字符数组,字符数组的每一个元素存放一个字符。一个一维字符数组可以存放一个字符串,一个二维字符数组可以存放多个字符串,又称字符串数组。

◎ 可以在声明字符数组时对数组初始化。

◎ 用字符串对字符数组初始化时,系统自动在字符串常量后面加上了一个结束符'\0'。

◎ 定义字符数组时,要保证数组长度大于字符串实际长度,保证'\0'存入字符数组。

◎ 引用字符数组可以采用两种方式。一种是引用字符数组中的单个元素,在循环语句中引用单个的字符,形成对字符串的操作;另一种是用数组名引用整个字符数组,在输入/输出和字符串处理函数中常用数组名引用整个字符数组。

◎ 使用 printf 函数的格式符"%c",输出一个字符或逐个输出多个字符,格式符"%s",输出字符数组中的整个字符串。输出从数组名开始,直到串结束符'\0'结束输出。

◎ 使用 scanf 函数的格式符"%c",向字符数组元素输入一个字符;使用"%s",向字符数组一次输入整个字符串。数组名代表字符数组的首地址,在变量列表中直接使用字符数组的数组名。

◎ 字符数组的长度要大于字符串的长度,输入字符串时,编译系统接收完字符串后自动加上一个串结束符'\0'。

◎ 使用 scanf 函数不能完整地输入带有空格的字符串。C 语言规定以空白字符如"空格"、"TAB"或"回车"作为字符串的分隔符,分隔后的字符串与下一个字符数组匹配。

◎ 使用 C 语言处理字符串的标准函数,应在程序的起始位置加上包含"string. h"头文件的预编译命令。

◎ 常用处理字符串的标准函数包括 gets(输入)、puts(输出)、strcpy(复制)、strcmp(比较)、strcat(连接)、strlen(求长度)、strlwr(转换为小写)、strupr(转换为小写)和 strstr(查找子串)等。

◎ 字符串输入函数 gets 是从标准输入设备(键盘)获得一个字符串到字符数组,返回的函数值为字符数组的起始地址。

◎ 字符串输出函数 puts 是将字符串或字符数组中的字符串(以'\0'结束的字符序列)输出到标准输出设备(显示器)上,字符串末尾的'\0'不输出,输出完毕后换行。

◎ 复制字符串函数 strcpy 是字符串与字符数组之间的复制,将源字符串(字符串 2)复制到目标字符数组(字符数组 1)中。

◎ 复制字符串前 n 个字符函数 strncpy,将字符串 2 的前 n 个字符复制到字符数组 1 之中。

◎ 字符串比较函数 strcmp 是用来比较两个字符串大小,比较结果由函数值带回。

◎ 字符串连接函数 strcat 是连接两个字符数组中的字符串,把字符串 2 连接到字符串 1 的后面,连接后的新字符串存放在字符数组 1 中,函数的返回值是字符数组 1 的地址。

◎ 字符串长度测试函数 strlen 用来测试字符串的实际长度(不包括'\0'),返回字符串的长度值。

◎ 查找子串函数 strstr 是在第 1 个字符串中查找第 2 个字符串(称为子串)首次出现的位置。

2. 语法定义

(1) 一维数组的定义如下:

```
类型标识符 数组名[常量表达式];

int iA[4];
```

(2) 在声明一维数组时对数组初始化的语法格式为

```
类型标识符 数组名[常量表达式]={值1,值2,值3,......,值n};

int iA[4]={1,2,3,4};或者 double dA[ ]={1.0,2.0,3.0,4.0};
```

(3) 引用一维数组元素的语法格式为:

```
数组名[下标]
```

(4) 二维数组的定义为

```
类型说明符 数组名[常量表达式][常量表达式];

int iB[3][3]={{1,2,3},{4,5,6},{7,8,9}};
```

(5) 在声明二维数组时对数组初始化的语法格式为

格式 1：

　　类型标识符 数组名[常量表达式][常量表达式]={值 1,值 2,值 3,......,值 n};

　　double dB[3][3]={1,2,3,4,5,6,7,8,9};

格式 2：

　　类型标识符 数组名[常量表达式][常量表达式]= {{...},{...},......,{...}};

　　int iB[3][3]={{1,2,3},{4,5,6},{7,8,9}};

（6）引用二维数组元素的语法格式为

　　数组名[下标][下标]

　　iB[1][2]=3;

（7）声明字符数组的语法格式为

　　char 数组名[常量表达式];

　　char 数组名[常量表达式][常量表达式];

例如：char chA[5],chB[3][4];

（8）在声明字符数组时对数组初始化的语法格式为

　　char 数组名[常量表达式]={字符 1,字符 2,字符 3,......,字符 n};

　　char 数组名[常量表达式][常量表达式]= {{字符集 1},(字符集 2),......,{字符集 n};

例如：char chVc[12]={'V','i','s','u','a','l',' ','C','+','+','\0'};

V	i	s	u	a	l		C	+	+	\0	\0

例如：char ch[3][4]={"How","are","you"};

　　　char ch[3][4]={{"How"},{"are"},{"you"}};

（9）引用字符数组的语法格式如下：

引用一维字符数组的语法：数组名[下标]

引用二维字符数组的语法：数组名[下标][下标]

用数组名引用整个字符数组语法：数组名

（10）字符串输入函数 gets 的语法格式：gets(字符数组名)

例如：gets(chA);

（11）字符串输出函数 puts 的语法格式：puts(字符数组名|字符串|字符型指针)

例如：puts(chA);

（13）复制字符串函数 strcpy 的语法格式：strcpy(字符数组 1,字符串 2)

例如：strcpy(chA,"Hello");

（14）复制字符串前 n 个字符函数 strncpy 的语法格式：strncpy(字符数组 1,字符串 2,n)

例如：strncpy(chA,"Hello",2);

（15）字符串比较函数 strcmp 的语法格式：strcmp(字符串 1,字符串 2)

例如：strcmp(str1,str2);

（16）字符串连接函数 strcat 的语法：strcat(字符数组 1,字符数组 2)

例如：strcat(str1,str2);

（17）字符串长度测试函数 strlen 的语法：strlen(字符串)

例如：strlen(str1);

（18）查找子串函数 strstr 的语法：strstr(字符串 1,字符串 2)

例如：strstr("language","age");

6.2　分析方法

6.2.1　算法分析

数组能存储一组指定的数据,在很多算法中需要使用数组存储数据,常见的算法有求最大或最小值算法、数据分类算法、排序算法、对分查找算法、分离因数算法、字符串处理算法等。

1. 求最大或最小值算法

例 6.2.1　已声明数组 int a[6]={8,2,5,4,1,6};,试编程求数组中的最大值和最小值。

解　求最大值 max 或最小值 min 算法的思想是:先把 a[0]赋给 max 和 min,然后将a[1]到 a[5]的每一个数 a[i]分别与 max、min 进行比较,a[i]比 max 大的数赋给 max,a[i]比 min 小和数赋给 min,比较完后 max 保存最大值,min 保存最小值。程序代码如下:(文件名 sy6_1.c)

```
#include <stdio.h>
main()
{
    int a[6]={8,2,5,4,1,6},i,max,min;
    max=a[0];min=a[0];
    for(i=1;i<6;i++)
    {       if(a[i]>max)max=a[i];
            if(a[i]<min)min=a[i];
    }
    printf("max=%d,min=%d\n",max,min);
}
```

编辑、编译、运行程序,输出结果为 max=8,min=1

2. 数据分类算法

可以将字符串中的大写字母、小写字母、数字、其他字符分类存放在不同的数组之中。

例 6.2.2　已声明字符数组 char ch[20]={"a1/B2.c3;D4:E6! f"},a[8],b[8],c[8],d[8];,试编制程序将大写字母放入 a 数组中、小写字母放入 b 数组中、数字放入 c 数组中、其他字符放入 d 数组中。

解　区分大写字母的条件是 ch>='A'&&ch<='Z',区分小写字母的条件是ch>='a' && ch<='z',区分数字的条件是 ch>='0' && ch<='9',不满足以上条件的都是其他字符。

```
#include <stdio.h>
main()
{
    char ch[16]={"a1/B2.c3;D4:E6!f5"},a[8],b[8],c[8],d[8];
    int i,k1=0,k2=0,k3=0,k4=0;
    for(i=0;i<16;i++)
    {       if(ch[i]>='A' && ch[i]<='Z')a[k1++]=ch[i];
            else if(ch[i]>='a' && ch[i]<='z')b[k2++]=ch[i];
       else if(ch[i]>='0' && ch[i]<='9')c[k3++]=ch[i];
            else d[k4++]=ch[i];
    }
    a[k1++]='\0';b[k2++]='\0';c[k3++]='\0';d[k4++]='\0';
    printf("%s,%s,%s,%s\n",a,b,c,d);
}
```

编辑、编译、运行程序,输出结果为 BDE,acf,12346,/.;:!

3. 排序算法

排序算法包括冒泡排序算法、选择排序算法、堆排序算法、快速排序算法、直接插入排序算法、希尔排序算法等多种排序算法,下面只介绍选择排序算法。

例 6.2.3　用选择算法对数组 int a[8]={3,8,2,5,9,4,1,6}排序。

解　选择算法先找最小元的位置 p,外层循环表示查找一轮,内层循环表示每一轮查找中的最小元 a[p]与每一个元素 a[X]的比较,设本轮的第一个元素 a[Y]为最小元a[p],将 p=Y;,内层循环从 Y 到 7,依次比较 a[p]与 a[X],若 a[p]大于 a[X],将最小元指向 X,即 p=X;,比较完本轮将最小元存放在 a[Y]中,源程序如下:

```
#include <stdio.h>
main()
{
    int a[8]={3,8,2,5,9,4,1,6},p,s,Y,X;
    for(Y=0;Y<8;Y++)
    {
        p=Y;
        for(X=Y;X<8;X++)
        if(a[p]>a[X]){p=X;}
            if(Y!=p)
            {s=a[Y];
            a[Y]=a[p];
            a[p]=s;}
            printf("%d",a[Y]);
    }
    printf("\n");
}
```

编辑、编译、运行程序,输出结果为 12345689。

4. 对分查找

对于有序的数列,可以采用对分查找,快速查找到指定的元素。

例 6.2.4 已知整型数组存放有序数列 int a[10]={1,2,4,8,12,25,39,43,51,66,72,99};,查找是否存在数值 8。

解 对分查找时要确定低地址 low,中间地址 mid,高地址 high,三者之间存在的关系是 mid=(int)((low+high)/2);,查找的数据大于中间值,将 low=mid+1;,查找的数据小于中间值,将 high=mid-1;,源程序如下:

```
#include <stdio.h>
int main()
{
int a[12]={1,2,4,8,12,25,39,43,51,66,72,99},k=1,flag=0;
int i,x,m,low=0,mid,high=11;
for(i=0;i<12;i++)
{
 printf("a[%d]=%d",i,a[i]);
}
printf("\n输入要查找的数:");
scanf("%d",&x);
while(low<=high)
{
mid=(int)((low+high)/2);
m=a[mid];
printf("第%d次查找的中间数是:%d\n",k++,m);
if(x>m)low=mid+1;
if(x<m)high=mid-1;
if(x==m)
{
 printf("\n找到结果该数是原数组中第%d个数。\n",mid+1);
 flag=1;
 break;
 }
}
printf("\n");
if(flag==0)printf("该数组中不存在这个数。");
printf("\n");
return 0;
}
```

编辑、编译、运行程序,屏幕显示提示信息与用户交互:

输入要查找的数:8↵

第 1 次查找的中间数是:25

第 2 次查找的中间数是:4

第 3 次查找的中间数是:8

找到结果该数是原数组中第 4 个数。

5. 分离因子算法

分离因子算法是将一个数的因子分离出来,然后再研究各因数之间的规律性。有些算法如求完全数算法,先要分离各个因子,用数组保存各个因子,再求各因子之和。

例 6.2.5　完全数是这样一种数,该数的所有因子之和等于这个数,这个数就称为完全数。例如 6＝1＋2＋3,试编程求二位数中的完全数。

解　二位数中的完全数是 28,其因子为 1,2,4,7,14,将 5 个数相加的结果为,1＋2＋4＋7＋14＝28。编制程序时,先从 10 到 99 循环取数,将取得的数分解因子,然后对因子求和。若一个数的因子之和等于这个数,则这个数是完全数。编制程序如下:

```c
#include <stdio.h>
main()
{
static int f[10];
int i,j,k,s;
for(j=10;j<100;j++)           //循环取数
{
f[0]=1;
k=1;s=0;                      //内层循环中使用的变量赋初值;
for(i=2;i<j;i++)              //内层循环求因子;
{
if((j%i)==0)f[k++]=i;         //j 除 i 的余数为 0,i 则为 j 的因子;
else continue;
}
for(i=0;i<k;i++)              //内层循环,将因子求和;
 s=s+f[i];                    //因子求和公式;
if(s==j)printf("%d",j);       //因子之和等于该数则输出完全数。
}
 printf("\n");
}
```

编辑、编译、运行程序,输出结果为 28。

6.2.2　案例分析

数组的知识点包括数组的存储与图解法,一维数组、二维数组、字符数组、字符串处理,下面的案例分析中主要使用图解法分析各种数组。

1. 一维数组的存储分析

一维数组初始化或输入数据后,数据存放在内存单元之中,用图解法表示数据的存储,一般有两种图解方法,一种是纵向表示,一种是横向表示,使用循环语句对数组元素进行操作,可以用数轴的方向表示循环操作的方向,例如,已声明 int a[4]={1,2,3,4};,图解法的横向表示如图 6.2.1a 所示,图解法的纵向表示如图 6.2.1b 所示,其中每一个单元包括 4 个字节。

i=0	a[0]	1
i=1	a[1]	2
i=2	a[2]	3
i=3	a[3]	4
i=4	a[4]	5

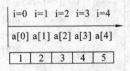

图 6.2.1a　图解法纵向表示　　　　　　图 6.2.1b　图解法横向表示

例 6.2.6　倒排数组数据的源程序如下,已知 a[6]={1,2,3,4,5,6};,倒排 a[6]={6,5,4,3,2,1};,分析程序执行过程。

```
#include <stdio.h>
main()
{
int a[6]={1,2,3,4,5,6};
int i,m,t;
m=(int)(5-0)/2;                    //确定操作次数
for(i=0;i<=m;i++)                  //循环执行
{  t=a[i];a[i]=a[5-i];a[5-i]=t;    //首尾交换
}
for(i=0;i<6;i++)
printf("%d",a[i]);
printf("\n");
}
```

解　程序中,先声明数组和程序中使用的变量,求出循环的终值 m,用 for 循环进行首尾交换,第 2 与倒数第 2 个元素交换,依次类推,直到交换完毕。首尾交换过程的图解法如图 6.2.2 所示。

2. 二维数组的图解分析法

二维数组有两个下标,分别称为行标和列标,例如,定义二维数组 int b[3][4],定义了一个数组名为 b 的 3 行 4 列数组,二维数组的引用范围从 b[0][0],b[0][1],…,b[2][3],共 12 个元素。二维数组行列有序,用二维循环轮流引用二维数组中的元素,可以采用平面坐标分析程序操作流程,实现图解分析。二维数组的图解分析法包括矩阵分析法图 6.2.3a 所示、二维表分析法图 6.2.3b 所示。

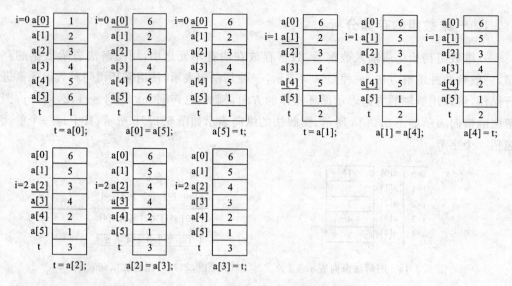

图 6.2.2　图解首尾交换过程

例 6.2.7　二维数组源程序如下,分析程序运行的结果。

```c
#include <stdio.h>
main()
{
int a[3][4]={4,3,2,1,5,6,7,8,6,4,3,1};
int i,j,s=0;
for(i=0;i<3;i++)
 for(j=0;j<4;j++)
{ s+=a[i][j]/(i+1);
 printf("s=%d\n",s);}
}
```

解　用二维表分析法,先制作二维表,图 6.2.3a 所示,根据外层循环对应着行,内层循环对应着列,画出坐标系,将二维表放入坐标系中,计算观测点为 s+a[i][j]/(i+1);,不直接算出 s 的值。如图 6.2.3b 所示。将矩阵放入坐标系中,计算观测点为 s+a[i][j]/(i+1);,如图 6.2.3c 所示。输出结果为 s=26。

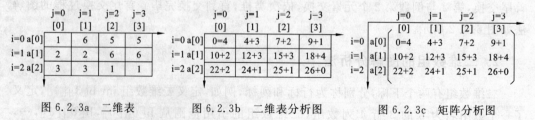

图 6.2.3a　二维表　　　　　图 6.2.3b　二维表分析图　　　　图 6.2.3c　矩阵分析图

3. 一维字符数组的单个字符处理

一维字符数组用于处理单个字符串,用字符串给一维字符数组赋初值,也可以用循环语句为一维数组赋初值。在处理字符数组时,通常使用循环语句依次处理单个字符。

例 6.2.8　验证字符串是否是回文的程序如下,已用字符串"level"为字符数组赋初值,分析字符数组程序中的图解方法。

```
#include<stdio.h>
#include<string.h>
main()
{
    char a[8]={"level"};
    int i,n,f=1;
    n=strlen(a);
    for(i=0;i<n/2;i++)
    { if(a[i]!=a[n-i-1])f=0;
    }
    if(f==1)printf("字符串是回文\n");
    else printf("字符串不是回文\n");
}
```

解　用字符串"level"为字符数组赋初值,存入字符数组的内存单元中的数据如图 6.2.4a所示,执行语句 n=strlen(a);得到 n=5,循环的终值表达式 i<n/2;即 i<2,依次要比较 i=0 和 i=1 两次。其中,i=0 时,a[0]与 a[4]比较;i=1 时,a[1]与 a[3]比较,用标志 f=1 表示所有比较为真的结果,只要有一对不相等　f=0。

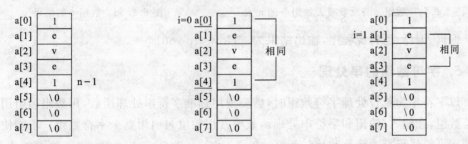

图 6.2.4a　字符数组的存储　　　图 6.2.4b　i=0 比较图　　　图 6.2.4c　i=1 比较图

4. 二维字符数组的单个字符处理

可以采用二维数处理多个字符串,将两个二维数组放在相同的平面坐标系中,对应每个元素进行运算。

例 6.2.9　二维字符数组程序如下所示,试用图解法分析输出结果。

```
#include<stdio.h>
main()
{
    char a[3][5]={"are","you","sure"},c[3][5];
    int b[3][5]={25,3,-18,0,0,24,-3,16,0,0,-6,6,-3,68,0},i,j;
    for(i=0;i<3;i++)
            for(j=0;j<5;j++)
```

```
        {  c[i][j]=a[i][j]-b[i][j];
    }
    for(i=0;i<3;i++)
        printf("%s",c[i]);
    printf("\n");
}
```

解　用矩阵法表示数组 a,如图 6.2.5a 所示,用矩阵法表示数组 b 如图 6.2.5b 所示,数组 a 的元素减去数组 b 的元素,如图 6.2.5c 所示,结果如图 6.2.5d 所示。

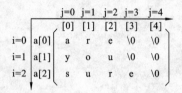

图 6.2.5a　数组 a

图 6.2.5b　数组 b

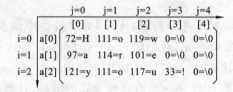

图 6.2.5c　数组 a 的元素减去数组 b 的元素

图 6.2.5d　数组 c 的结果

编辑、编译、运行源程序,输出结果为　How are you!

5. 字符数组的串处理

以字符串为单位处理字符数组时,需要使用标准字符串处理函数,用数组名引用整个字符数组,在输入/输出和字符串处理函数中常用数组名引用整个字符数组。不能使用一般的运算符进行算术运算和比较运算。

例 6.2.10　字符数组处理字符串的程序如下所示,试用图解法分析输出结果。

```
#include <stdio.h>
#include <string.h>        //使用标准字符串处理函数必须加此头文件;
main()
{
    char a[13]={"are you sure"},b[13]="Hello",c[13]="0";
    gets(c);               //读字符数组 c,输入 now 回车;
    strncpy(c,b,1);        //将字符数组 b 的第 1 个字符 H 复制到数组 c;
    strncpy(b,a,8);        //将字符数组 a 的前 8 个字符复制到数组 b;
    strcat(c,b);           //将数组 b 的内容连接在数组 c 的后面;
    strcpy(b,c);           //将数组 c 的内容全部复制到数组 b;
    puts(b);               //输出数组 b。
}
```

解　将标准字符串函数的功能标准在函数调用语句的右边,先将字符串"now"输入到数组 c,将字符数组 b 的第 1 个字符 H 复制到数组 c,数组 c 的值为 How,将字符数组 a 的前 8 个字符复制到数组 b,数组 b 的值为　are you;将数组 b 的内容连接在数组 c 的后面,数组 c 的值为 How are you;将数组 c 的值全部复制到数组 b,数组 b 的值为 How are you。图解分析过程如下图所示:

i	a[i]	b[i]	c[i]	c[i]	b[i]	c[i]	b[i]
0	a	H	n	H	a	H	H
1	r	e	o	o	r	o	o
2	e	1	w	w	e	w	w
3		1					
4	y	o	\0	\0	y	a	a
5	o	\0			o	r	r
6	u	\0			u	e	e
7							
8	s	\0			\0	y	y
9	u	\0				o	o
10	r		\0			u	u
11	e						
12	\0	\0	\0		\0	\0	\0

图 6.2.6　图解分析过程

6.3　习题与解答

6.3.1　练习题

1. 判断题(共 10 小题,每题 2 分,共 20 分)

(1) 数组属于构造类型,可由不同类型的数据构成。　　　　　　　　　　(　　)

(2) 数组名为地址变量,数组名和下标组成下标变量。　　　　　　　　　(　　)

(3) 数组必须先定义,后使用。声明数组时可以为数组赋初值。　　　　　(　　)

(4) 声明数组时,下标表示数组的长度,即数组元素的个数。　　　　　　(　　)

(5) 数组只能一个元素一个元素地引用,不能整体引用。　　　　　　　　(　　)

(6) 数组的下标可以用方括号,也可以用圆括号表示。　　　　　　　　　(　　)

(7) 声明一维数组并为其赋初值,下标可以缺省,数组的长度取决于初值的个数。

　　　　　　　　　　　　　　　　　　　　　　　　　　　　　　　　(　　)

(8) 字符串储存于数组之中,最后的字符是结束符'\0'。　　　　　　　　(　　)

(9) 两个字符串或者字符数组进行比较,要使用 strcmp 函数。　　　　　(　　)

(10) 使用标准字符串函数时应该在程序的开头增加"♯include<stdio. h>"。

　　　　　　　　　　　　　　　　　　　　　　　　　　　　　　　　(　　)

2. 单选题(共 10 小题,每题 2 分,共 20 分)

(1) 已声明数组 int a[4]={1,2,3,4},引用的第 1 个数组元素是(　　)。
　　A. a[0]=1　　　　　B. a[0]=0　　　　　C. a[1]=0　　　　　D. a[1]=1

（2）已声明变量和数组 int a＝2,i,b[4]＝{1,2,3,4};,下面错误的语句为（　　　）。

  A. a++;   B. b++;   C. i++;   D. b[i++]＝2;

（3）已声明数组 int a[4]＝{1,2,3,4},下列选项中错误的引用是（　　　）。

  A. a[0]＝1   B. a[1]＝0   C. a[4]＝1   D. a[3]＝0

（4）给全部数组元素赋初值,可不指定数组长度。下列选项中错误的声明是（　　　）。

  A. int a[3],b[ ]＝{1,2,3,4};   B. int a[3],b[4]＝{1,2};

  C. int a[3]＝{3,4},b[4]＝{1,2}; D. int a[ ],b[4]＝{1,2,3,4};

（5）已定义宏 ♯define N 4,声明变量 int n;,输入 scanf("%d",&n);后,下列选项中正确的数组声明是（　　　）。

  A. int iA[iK]; B. int a[n]; C. int iA[N]; D. int a[−4];

（6）给数组元素赋相同的 0 值,下列选项中错误的声明是（　　　）。

  A. int iA[5]＝{0};   B. int iA[5]＝{5 * 0};

  C. int a[4]＝{0};   D. int iA[5]＝{0,0,0,0,0}

（7）已定义宏 ♯define N 6,声明变量 int i,n＝4,iA[N];,下列选项中错误的引用数组的选项是（　　　）。

  A. iA[N]＝2; B. iA[n]＝3; C. iA[2 * 2]＝4; D. iA[N/2]＝2;

（8）定义二维数组时,可不指定数组的长度,下列选项中错误的声明是（　　　）。

  A. int x[3][4];   B. int y[2][ ]＝{1,2,3,4};

  C. int z[2 * 2][2];   D. int a[ ][2]＝{1,2,3,4};

（9）声明二维数组 int x[3][4];,引用二维数组时,两个下标表示错误的是（　　　）。

  A. x[2][0]＝3;   B. x[5−3][4 * 2−7]＝5;

  C. x[2,2]＝2;   D. x[2 * 2−3][2+1]＝4;

（10）已定义字符数组 char chA[2];chB[2][1];正确引用字符数组元素的选项为（　　　）。

  A. chA[2]＝A;   B. chB[2][1]＝"ab";

  C. chA[2]＝"A";   D. chB[2][1]＝'b';

3. 填空题（共 10 小题,每题 2 分,共 20 分）

（1）数组由（　　　　　）和（　　　　　）组成,下标是用方括号括起数字表示。

（2）数组输入数据的方法包括为字符数组（　　　　　）,用循环语句（　　　　　）赋给数组。

（3）只有一个（　　　　　）的数组称为一维数组,数据类型为（　　　　　）的数组称为字符数组。

（4）给部分数组元素赋初值,各元素（　　　　　）依次赋值,初值不足的元素赋（　　　　　）。

（5）字符串是用双引号括起来的若干有效字符的集合。（　　　　　）是常量,（　　　　　）是下标变量。

（6）一维字符数组是指数组的（　　　　　）为字符型,只有一个（　　　　　）。

（7）有两个下标的数组称为二维数组,第一个下标表示（　　　　　）,第二个下标表示(   )。

(8) 声明二维数组的语法格式为:(   )(   )[常量表达式][常量表达式]。

(9) 二维数组的图解方法包括(   )表示法与(   )表示法。

(10) (   )是字符串长度测试函数,用来测试字符串不包括(   )的实际长度,返回字符串的长度值。

4. 简答题(共 5 小题,每题 4 分,共 20 分)

(1) 举例声明一维整型数组 a[4],并为变量赋初值 1,3,5,7,说明定义的下标变量。

(2) 写出声明二维数组并对数组初始化的语法格式。

(3) 什么叫字符串? 如何将字符串存入字符数组?

(4) 什么叫字符串数组?

(5) 简述查找子串函数 strstr 的功能。

5. 分析题(共 5 小题,每题 4 分,共 20 分)

1) 一维数组的输入与输出

一维数组的输入可以用循环语句依次读取元素的值,也可以使用初始化的方式为数组赋初值。一维数组的输出使用循环语句依次输出每个元素的值。

例 6.3.1 为一维数组输入一组数据{1,2,3,4,5,6},程序如下表所示,分析程序的输入方法和输出数据。

(1) 用循环语句和 scanf 函数	(2) 用循环语句和赋值语句	(3) 用初始化的方式输入数据
| ```c
#include <stdio.h>
main()
 {int a[6],i;
 printf("输入数组元素的值:");
for(i=0;i<6;i++)
  scanf("%d",&a[i]);
for(i=0;i<6;i++)
   printf("%d,",a[i]);
printf("\n");
}
``` | ```c
#include <stdio.h>
main()
 {
int a[6],i;
  for(i=0;i<6;i++)
    a[i]=i+1;
for(i=5;i>=0;i--)
   printf("%d,",a[i]);
printf("\n");
}
``` | ```c
#include <stdio.h>
main()
 {
int a[6]={1,2,3,4,5,6};
  int i;
for(i=3;i>0;i--)
   printf("%d,",a[i]);
printf("\n");
}
``` |
| 解: | 解: | 解: |

2) 字符串的输出

例 6.3.2 下面程序已声明字符数组 char c[ ]=".Visual C++\0Dev C++";,试分析输出结果。

```c
#include <stdio.h>
main()
```
```

```
{
char c[ ]="Visual C++\0Dev C++";
printf("%s\n",c);
}
```

解

3）二维数组分析

例 6.3.3　含二维数组的程序如下，分析程序的输出结果。

```
#include <stdio.h>
main()
{ char ch[2][5]={"135a","234B"};
  int i,j,s=0;
  for(i=0;i<2;i++)
  for(j=0;ch[i][j]>='0' && ch[i][j]<='9';j+=2)
  s=10*s+ch[i][j]-'0';
  printf("%d\n",s);
}
```

解

4）下面程序中包含字符数组，按照程序要求交换数组中的元素，用图解法分析程序结果

```
#include <stdio.h>
#include <string.h>
main()
{ char ch[8]={"abcdefg"};
  int i,j,t;
  i=0;j=strlen(ch)-1;
   while(i<j)
   {
   t=ch[i++];
   ch[i]=ch[j--];
   ch[j]=t;
   }
  puts(ch);
}
```

解

5）八进制字符串转换成十进制数

例 6.3.4　将无符号八进制数字构成的字符串转换为十进制整数。例如，输入八进

制字符串为 6352,试分析输出的结果。

```
#include <stdio.h>
main()
{
    char s[5]={"6352"};
    int i=0,d;
    d=s[i++]-'0';           //取第 1 位字符的数值 6;
    while(s[i]!='\0')       //当没有到字符串的末尾,执行循环体;
        d=d*8+s[i++]-'0';   //将前一位和当前位的八进制数转换为十进制数;
    printf("%d\n",d);       //输出十进制数。
}
```

解

6.3.2　习题解答

1. 判断题

(1) F　(2) F　(3) T　(4) T　(5) F　(6) F　(7) T　(8) T　(9) T　(10) F

2. 单选题

(1) A　(2) B　(3) C　(4) D　(5) C　(6) B　(7) A　(8) B　(9) C　(10) D

3. 填空题

(1)（数组名）、（下标）　　　　　　(2)（赋初值）、（读数据）

(3)（下标）、（字符型）　　　　　　(4)（按顺序从前到后）、（0 值）

(5)（字符串）、（字符数组）　　　　(6)（类型）、（下标）

(7)（行标）、（列标）　　　　　　　(8)（类型标识符）、（数组名）

(9)（二维表）、（矩阵）　　　　　　(10)（strlen）、('\0')

4. 简答题

(1) 声明一维整型数组 a[4]的语句为:

```
int a[4]={1,3,5,7};
```

定义下标变量 a[0]＝1,a[1]＝3,a[2]＝5,a[3]＝7 共 4 个数组元素。

(2) 声明二维数组时对数组初始化,语法格式为:

```
类型标识符　数组名[常量表达式][常量表达式]={值 1,值 2,值 3,...,值 n};
类型标识符　数组名[常量表达式][常量表达式]={{...},{...},...,{...}};
```

(3) 字符串是用双引号括起来的若干有效字符的集合。存储字符串常量时,系统依次将字符的集合存入内存单元,并自动在字符串常量后面加一个用字符'\0'表示的字符串结束标志。

（4）字符串数组指二维字符数组，是可以存放多个字符串的数组。

（5）查找子串函数 strstr 的功能是在第 1 个字符串中查找第 2 个字符串（称为子串）首次出现的位置。

5. 分析题

1）

(1) 用循环语句和 scanf 函数	(2) 用循环语句和赋值语句	(3) 用初始化的方式输入数据

`#include <stdio.h>`
`main()`
`{ int a[6],i;`
` printf("输入数组元素的值:");`
`for(i=0;i<6;i++)`
`    scanf("%d",&a[i]);`
`for(i=0;i<6;i++)`
`    printf("%d,",a[i]);`
`printf("\n");`
`}`
	`#include <stdio.h>`
	`main()`
	`{`
	`  int a[6],i;`
	`  for(i=0;i<6;i++)`
	`    a[i]=i+1;`
	`  for(i=5;i>=0;i--)`
	`    printf("%d,",a[i]);`
	`  printf("\n");`
	`}`
		`#include <stdio.h>`
		`main()`
		`{`
		`int a[6]={1,2,3,4,5,6};`
		`int i;`
		`for(i=3;i>0;i--)`
		`    printf("%d,",a[i]);`
		`printf("\n");`
		`}`

解 用循环语句和 scanf 函数输入数据，升序输出数据{1,2,3,4,5,6}	**解** 用循环语句和赋值语句输入数据，降序输出数据{6,5,4,3,2,1}	**解** 声明数组时赋初值的方式输入数据，降序输出部分数据{4,3,2}

2）标准输出函数 printf 的格式符%s 表示输出从数组名开始到字符数组中第 1 次出现的结束符为'\0'为止，即使在该符号后还有其他字符，这些字符都不输出，因此该段程序在执行后的结果为：Visual C++。

3）将二维数组放入平面坐标系下，如图 6.3.1a 所示，外层循环执行 i＝0 和 i＝1 两步，内层循环只执行 j＝0,j＝2，当 j＝4 时不满足终值条件，退出本层循环。语句 s＝10 * s＋ch[i][j]－'0';中的 ch[i][j]－'0'将字符转换成数值，s＝10 * s＋ch[i][j]－'0';语句表示将 s 值左移一位后加上当前的元素值。结果如图 6.3.1b 所示。

图 6.3.1a 二维数组的矩阵分析　　　　图 6.3.1b s 值的图解

编辑、编译、运行程序，输出结果为 1524。

4）使用 strlen 函数之前，必须在编译预处理时包含 #include<string.h>，程序采用 while 当型循环，i 为字符串头的位置，j 为字符串尾的位置，当 i<j 执行交换操作，交换过程如图 6.3.2 所示：

5）语句 d＝s[0]－'0';是将字符转换成数值，'6'－'0'＝36H－30H＝6H。循环的终值条件是到数组结束符'\0'为止，重复执行语句 d＝d * 8＋s[i＋＋]－'0';，即

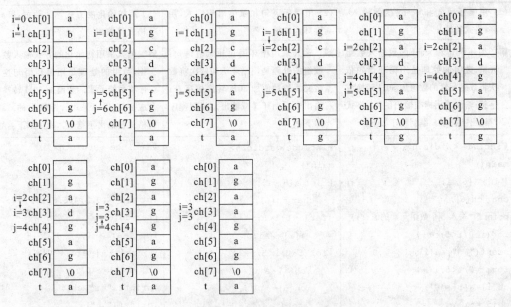

图 6.3.2　数组元素交换的图解分析

$$((6*8+3)*8+5)*8+2=6*8^3+2*8^2+5*8+2=3306$$

6.4　数 组 实 验

6.4.1　数组编程方法

数组程序设计的逻辑顺序依然是数组的输入、数组的处理、数组的输出三部曲,前面章节使用的数据类型都是基本数据类型,数据简短、单一,程序相对简单。数组是构造类型,是由多个下标不同的数据元素组成的数据。因此,在数组的输入、数组的处理、数组的输出等操作中需要使用循环语句对数组的每一个元素进行指定的操作,这种从单个按指定类型数据的操作到多个相同类型数据操作的扩展,其本质是相同的,方法上是用循环解决多个数据的操作。从指定类型数据的输入到相同类型数组元素的输入,可以用赋初值的方法输入数据,也可以用循环语句为每个数组元素赋值。数组的处理是在数据处理的基础上,通过循环语句,将数组元素放到离散数据空间中讨论,对于字符串可以采用标准字符处理函数作整体操作。数组的输出可以采用循环语句对指定的数组元素依次输出,对于字符串可以整体输出,整型和字符型数据可以转换成字符串后整体输出。

1. 数组的逻辑顺序

例 6.4.1　已声明数组 a[6]输入的数据{0,2,4,6,8},转换成字符型,保存在字符数组 ch[6]中,程序如下表所示,分析程序的输入方法和输出数据。

(1) 用循环语句和 scanf 函数输入，%s格式符输出	(2) 用循环语句和赋值语句输入，用循环递减输出	(3) 用初始化的方式输入数据，%s格式符输出
解 循环语句和 scanf 函数输入数组元素；数组的处理是用循环语句依次将数组元素的数值加 30H 转换成字符；输出采用标准输出的%s 格式符输出字符串。编制程序如下：	**解** 输入采用循环语句和赋值语句；数组的处理是用循环语句依次将数组元素的数值加 30H 转换成字符；输出采用循环递减输出。编制程序如下：	**解** 输入采用初始化的方式输入数据；数组的处理是用循环语句逆序将数组元素的数值加 30H 转换成字符；输出采用标准输出的%s 格式符输出字符串。程序如下：
| ```
#include <stdio.h>
main()
{ int a[6],i;
char ch[6];
printf("输入 5 个数组元素的值:");
for(i=0;i<5;i++)
scanf("%d",&a[i]);
for(i=0;i<5;i++)
ch[i]=a[i]+'0';
ch[5]='\0';
printf("%s",ch);
printf("\n");
}
``` | ```
#include <stdio.h>
main()
{ int a[6],i;
  char ch[6];
  for(i=0;i<5;i++)
    a[i]=2*i;
  for(i=0;i<5;i++)
  ch[i]=a[i]+'0';
  ch[5]='\0';
    for(i=4;i>=0;i--)
    printf("%c,",ch[i]);
printf("\n");
}
``` | ```
#include <stdio.h>
main()
{
int a[6]={0,2,4,6,8},i,j=0;
char ch[6];
for(i=4;i>=0;i--)
    ch[j++]=a[i]+'0';
    ch[5]='\0';
  printf("%s",ch);
  printf("\n");
}
``` |

2. 循环输出与串输出

例 6.4.2 已声明字符数组 a[12]＝{"Hello/0World"}，比较循环输出与串输出两种方式的输出结果。

(1) 循环输出	(2) 串输出	比较
| ```
#include <stdio.h>
main()
{
int i;
char ch[12]={"Hello\0World"};
for(i=0;i<12;i++)
printf("%c",ch[i]);
printf("\n");
}
``` | ```
#include <stdio.h>
main()
{
int i;
char ch[12]={"Hello\0World"};
printf("%s",ch);
printf("\n");
}
``` | 两者的输入相同；<br>输出比较：<br>循环输出将\0 作为空白符，显示空格，输出结果为:Hello World<br>串输出是从数组名作为首地址开始,执行到遇到第 1 个'\0'结束,输出结果为:Hello |
| 输出结果:Hello World | 输出结果:Hello | '\0'的出现决定输出结果的不同 |

3. 一维数组与字符串

例 6.4.3 设已声明 char str[10]＝{"a1B2C3d4e"},ch[10];,int a[10],i,j=0,k=0;,将字符数组 str 中的数字以数值的形式保存到数组 a 中,将字符数组 str 中的大写字母转换为小写字母,将字符数组 str 中的小写字母转换为大写字母,保存到数组 ch 中。
```

解　用循环语句依次访问字符数组中的所有元素,是数字则减去 30H 转换成数值存入数组 a 中,是大写字母则加 32 转换为小写字母存入字符数组 ch 中,是小写字母则减 32 转换为大写字母存入字符数组 ch 中,字符串结束位置存'\0'。用循环语句输出数组 a,用标准输出格式符%s 输出字符串,编制程序如下:

```c
#include <stdio.h>
main()
{
int a[10],i,j=0,k=0;
char str[10]={"a1B2C3d4e"},ch[10];
for(i=0;i<10;i++)
if(str[i]>='0' && str[i]<='9')a[j++]=str[i]-'0';
  else if(str[i]>='A' && str[i]<='Z')ch[k++]=str[i]+32;
  else if(str[i]>='a' && str[i]<='z')ch[k++]=str[i]-32;
     else ch[k]='\0';
for(i=0;i<j;i++)
 printf("%d,",a[i]);
printf("\n");
printf("%s",ch);
printf("\n");
}
```

4. 二维数组应用编程

例 6.4.4　一个学习小组有 5 名学生,每位学生有三门课的考试成绩。求每个同学的总评成绩和平均成绩。

解　定义成绩数组 a[5][3],行标表示 5 个学生,列标表示三门课程,每一个数组元素表示当前序号的学生指定课程的成绩,在声明数组 a 时为学生成绩赋值,s[5]表示每个同学的总评成绩,v[5]表示每个同学的平均成绩。利用二重循环计算数组 a 中五名学生的三门课程成绩之和,将各位学生的成绩相加得到这门课程的总分 s[i],再求每位学生的平均成绩 v[i],并输出结果。编制程序如下:

```c
#include <stdio.h>
main()
{
 int i,j,s[5]={0},v[5]={0};
 int a[5][3]={{87,74,82},{78,83,86},{83,91,90},{84,72,76},{75,86,92}};
 for(i=0;i<5;i++)
 { for(j=0;j<3;j++)
   {
    s[i]=s[i]+a[i][j];
   }
  v[i]=s[i]/3;
```

```
    printf("s%d=%d\t v%d=%d\n",i,s[i],i,v[i]);
  }
  }
```

5. 字符数组与标准字符串函数

例 6.4.5　试编程将字符串"Visual"与字符串"C++ Program"连接起来。

解　方法一使用标准字符串函数 strcat，方法二不用 strcat 两种方法讨论，

使用 strcat 函数（方法一）	不用 strcat 函数（方法二）
使用 strcat 函数必须在编译预处理中声明包含＜string.h＞头文件，strcat 函数的第 2 个参数是源参数，第 1 个参数是目标参数，数组 ch1 的长度必须大于连接后整个字符串的长度。用字符串输出函数 puts 输出 ch1 中的字符串。编制程序如下：	不用 strcat 函数需要知道两个字符串的长度 n1、n2，用循环语句，以字符串 ch2 的长度作为循环的终值条件，将字符串 ch2 的字符保存到字符串 ch1 的'\0'开始的位置，在结束片保存'\0'作为整个字符串的结束符。用 puts 输出 ch1 中的字符串。编制程序如下：

<pre>#include <stdio.h>
#include <string.h>
main()
{
char ch1[20]="Visual";
char ch2[12]="C++Program";
strcat(ch1,ch2);
puts(ch1);
}</pre>
	<pre>#include <stdio.h>
	main()
	{ char ch1[20]="Visual";
	 char ch2[12]="C++Program";
	 int i,n1,n2;
	 n1=strlen(ch1);
	 n2=strlen(ch2);
	 for(i=0;i<n2;i++)
	   ch1[i+n1]=ch2[i];
	 ch1[i+n1]='\0';
	 puts(ch1);
	}</pre>

6.4.2　实验

_____大学_____学院实验报告

课程名称：C 语言程序设计　　　实验内容：数组　　　　　指导教师：

系部：　　　　　　　　　　　专业班级：

姓名：　　　　　　　　　　　学号：　　　　　　　成绩：

一、实验目的

(1) 掌握一维数组的定义、初始化、引用和输入输出的使用方法。

(2) 掌握二维数组的定义、初始化、引用和输入输出的使用方法。

(3) 掌握字符数组的定义、初始化、引用和输入输出的使用方法。

(4) 掌握排序算法、矩阵运算的方法，掌握数组元素的插入、修改和删除操作。

二、预习作业（每小题 5 分，共 40 分）

1. 程序填空题：试在括号中填入正确的答案，并上机验证程序的正确性。

（1）有以下程序，当循环表达式为真时求数组元素之和，将程序补充完整，并求输出结果。（文件名：ex6_1.c）

```
#include <stdio.h>            //输出结果为（    ）
main()
{ int p[7]={11,13,14,15,16,17,18},i=0,s=0;
  while(i<7 && p[i] %2){s+=p[(    )]}
printf("%d\n",s);
  }
```

（2）求下列程序的最小元。（文件名：ex6_2.c）

```
#include <stdio.h>            //输出结果为（    ）
main()
{ int i,j=0,n=8,p=0,a[8]={10,3,6,5,1,7,2,8};
 for(i=0;i<n;i++)
   if(a[i]<a[p])p=(    );
 printf("%d",a[p]);
 }
```

2. 程序改错并上机调试运行

（1）给数组 c[12]赋字符串"Visual C++"，并赋给数组 ch[12]，改正程序中的错误。（文件名：ex6_3.c）

```
#include <stdio.h>            //输出结果为（    ）
main()
{
char ch[12],c[12];
/**********found**********/
  c[ ]="Visual C++";
  ch[ ]=c[ ];
  printf("%s,%c\n",ch,c);
 }
```

（2）求第 1 列元素之和程序，改正程序中的错误。（文件名：ex6_4.c）

```
#include <stdio.h>            //输出结果为（    ）
main()
/**********found**********/
{ int i,j=1,s=0,c[3][ ]={1,4,6,7,2,9,3,5,8};
  for(i=0,i<3,i++);
  s+=c[i][j];
  printf("%d\n",s);
 }
```

3. 读程序写结果并上机验证其正确性

（1）已知 10 个学生的 C 语言课程成绩，用冒泡算法排序，试写出输出结果。（文件名：ex6_5.c）

```
#include <stdio.h>
main()
{ int i,j,t,a[10]={88,79,75,86,90,74,69,85,83,64};
 for(i=0;i<10;i++)
 for(j=9;j>=i-1;j--)
if(a[j]>a[j+1]){t=a[j];a[j]=a[j+1];a[j+1]=t;}
for(j=4;j<9;j++)
 printf("%d",a[j]);
    printf("\n");
}
```

（2）以下程序运行后输出的结果为（　　　）。（文件名：ex6_6.c）

```
#include <stdio.h>
main()
{ int i,j,s=0,a[4][5]={{1,2,-3,-4},{0,-12,-13,14},{-21,23,0,-24},{-31,32,-33,0}};
 int i,j,s=0;
 for(i=0;i<4;i++)
 {  for(j=0;j<4;j++)
  { if(a[i][j]<0)continue;
     if(a[i][j]==0)break;
s+=a[i][j];
   }
}
 printf("%d\n",s);
}
```

4. 编程题

（1）已知变量定义 int a[]={7,2,5,8,3,1,4,6},b,i,j;用选择算法排序,试写出排序后的结果。（文件名：ex6_7.c）

（2）已知二维数组定义如下,试求该数组对应矩阵的转置矩阵。（文件名：ex6_8.c）

三、调试过程（调试记录 10 分、调试正确性 10 分、实验态度 10 分）

（1）分别调试验证预习作业的正确性。

（2）详细记录调试过程,记录下出现的错误,提示信息,解决错误的方法,目前还没有解决的问题。

（3）记录每个程序的运行结果,思索一下是否有其他的解题方法。

（4）分别将文件 ex6_1.c、ex6_2.c、ex6_3.c、ex6_4.C、ex6_5.c、ex6_6.c、ex6_7.c、ex6_8.c 等文件存入考生文件夹中,并上交给班长。

四、分析与总结（每个步骤 10 分）

（1）分析实验结果,判断结果的合理性及产生的原因。

（2）总结实验所验证的知识点。

（3）写出实验后的学习体会。

第 7 章　函数指导与实训

7.1　教材的预习及学习指导

7.1.1　教材预习指导

　　一个 C 源程序由一个主函数和若干个用户自定义函数构成,这些函数是模块划分的基本单位,每一个函数是一个完整的程序模块。函数包括标准函数和自定义函数两类,标准函数是 C 系统提供的库函数,用户可以在程序中直接引用标准函数,不必定义标准函数。自定义函数指用户自己定义的函数,二者在使用上地位等同,习惯上将自定义函数简称为函数。本章主要是介绍函数的基本概念,函数的定义,函数的声明与调用,参数的传递,变量和函数的作用域,变量的生存期,变量的存储方式。

　　第 1 节讲了函数的定义与调用,主要介绍函数的定义、函数的返回值,函数的声明,函数的调用,函数调用的执行过程,函数的嵌套调用,函数的递归调用。预习的重点包括函数的概念,函数的定义,函数的声明和函数的调用等内容。

　　第 2 节讲了函数的参数传递,主要介绍函数的参数,参数的类型,实参和形参之间按位置虚实对应,实参和形参之间的单向数值传递,实参和形参之间的地址传递方式,预习的重点包括数值参数和地址参数,参数传递的虚实对应关系,值传送与地址传送等内容。

　　第 3 节讲了变量的属性,介绍变量的位置属性和存储属性,内部变量和外部变量,变量的作用域,变量的生存期,变量的存储方式,局部变量与全局变量,局部变量的存储方式包括自动方式 auto、静态方式 static、寄存器方式 register 三种存储方式。预习的重点包括内部变量和外部变量,局部变量与全局变量,静态存储方式 static 等内容。

7.1.2　教材学习指导

1. 函数的基本概念

　　◎ C 语言是函数型语言,一个 C 源程序由一个主函数和若干个用户自定义函数构成。

　　◎ 函数包括标准函数和自定义函数两类,自定义函数简称函数。

　　◎ 主函数调用函数,函数之间也可以互相调用;一个函数可以被一个或多个函数调用任意多次,调用其他函数的函数被称为主调函数,被其他函数调用的函数称为被调函数。

　　◎ 函数的形态分为函数的定义、函数的声明、函数的调用三种形态。

　　◎ 函数的定义是确定函数的功能,指定函数类型、函数名、形参和函数体。定义一个

完整的、独立的函数单位，

◎ 函数的声明是对引用在前，定义在后的函数进行的前向说明，函数的调用遵循"先定义，后调用"的原则，若定义在调用函数之后，则应该在主函数中增加函数说明。

◎ 用函数名调用函数，调用的函数名与定义的函数名完全相同，调用时函数的参数已经具有确定的值，该参数称为实参。

◎ 调用函数与定义函数之间的参数传递是实参与虚参之间按位置虚实对应传递参数，执行完函数，将返回值代回到主调函数，参加表达式的运算。

◎ C 语言以源程序文件为单位编译程序，不是以函数为单位编译程序。一个源程序文件是一个编译单位，编译成目标模块，供当前应用程序或其他应用程序调用。

◎ 函数不能嵌套定义，函数可以嵌套调用。函数间可以互相调用，同一个函数可被一个或多个函数调用任意次。

◎ 函数包括函数类型、函数名、函数参数、函数返回值等要素。函数的类型是指函数返回值的类型，无返回值的函数可以用 void 说明。

◎ 函数参数在定义时称为形参（或虚参），是函数名后面括号中的变量，用类型说明符说明参数的类型；在调用时的参数称为实参，参数当前的值是已知的值；函数返回值是函数调用后的结果，函数返回值作为函数值参加表达式的运算。

◎ 函数定义由函数头和函数体两部分组成，函数头用于定义函数名称、函数返回值类型，函数的形式参数及其类型。函数体用于描述函数的功能，由声明语句和执行语句组成。

◎ 函数体用花括号{}括起来，分别表示函数体开始和函数体结束。函数体中的声明语句部分用于说明函数执行时存在的变量、数组和子函数，只能在本函数内使用他们。执行语句部分是描述函数功能的语句集合，一般用 return 语句返回函数处理的结果。

◎ 有参函数指函数定义时包含有形式参数，主调函数与被调函数之间的参数按位置对应，类型相同，将实参按位置传递给虚参。

◎ 无参函数用于执行一组特定的操作，无参函数的定义中不包括形式参数，主调函数不向被调函数传递数据。

◎ 函数的返回值是由 return 语句将被调用函数中的一个确定值带回主调函数中去。在定义函数时指定函数值的类型，return 语句中的表达式的类型自动转换为函数类型。

◎ 无返回值函数指函数类型用"void"定义的函数，该函数用来执行一组操作，不带回函数值。

◎ 函数体中没有声明语句、执行语句、return 语句的函数被称为空函数。

◎ 主函数的参数包括计数器 argc、指针数组 * argv[] 和环境变量参数 * env[]。

◎ 函数的声明采用函数原型声明函数的名称、形参的个数、形参的类型。声明的作用是把函数名、形参个数、形参类型和顺序等信息通知编译系统。在调用函数时，编译系统识别和检查函数及其参数在调用过程中是否正确、合法。

◎ 函数的调用是计算机动态执行程序模块的操作过程，这种动态操作过程中使用栈的数据结构实现参数的传递和函数的运行。

◎ 栈是一种后进先出的数据结构，栈分配一个存储区、固定一端作为栈底，另一端为活动端称为栈顶,有一个栈顶指针指向栈的栈顶。

◎ 用户对栈顶操作,向栈顶添加数据称为压栈(Push),压栈以后,栈顶指针自动指向新加入数据项的栈顶。用户从栈中取走数据称为弹栈(pop),弹栈后,栈顶指针指向下一个元素,即新的栈顶。

◎ 函数调用的方式包括函数表达式、函数语句和函数参数。

◎ 函数允许嵌套调用,即在调用一个函数的过程中,执行到另外的函数调用语句,可以调用另外的函数。例如 main 函数调用了函数 1,函数 1 调用了函数 2,形成了函数的嵌套调用。

◎ 程序设计语言中的递归是指函数直接或间接地调用自身,称为递归调用。

◎ 递归的执行过程分为递推和回代两个阶段。

◎ 当常量、变量、数组元素或表达式等值作为实参,与实参相应的形参应是同类型的变量。当发生函数调用时实参的值传递给形参,形参获得值之后,在被调函数中参加运算,调用结束后,形参的变化不会影响到实参。这种传送方式称为值传送。

◎ 数组名作函数实参,数组名是地址常量,表示数组的首地址。当发生函数调用时,把实参数组的起始地址传递给形参数组,两个数组占用共同的内存单元,实参的数组名和形参数组名同时指向共同的数组单元,这种传递方式称为地址传送。

◎ 可以作为地址参数的数据种类包括变量的地址、指针、数组、字符串、函数名和指向函数的指针等。

◎ 变量的属性可以分为位置属性和存储属性,变量的位置属性决定变量的作用域。

◎ 根据变量放置的位置可以分为局部变量与全局变量,若以函数为单位,按变量放置的位置划分可以分成内部变量和外部变量。

◎ 变量的存储属性决定变量的数据类型和变量的生成周期,局部变量的存储方式分为自动方式 auto、静态方式 static、寄存器方式 register 三种存储方式。

◎ 变量的有效范围称为变量的作用域。变量有 4 种不同的作用域,包括文件作用域、函数作用域、语句块作用域和函数原型作用域。

◎ 变量定义的位置在一个函数的内部称为内部变量。

◎ 局部变量是相对于全局变量而言的,在不同的语法单位下定义的变量为局部变量,在他上一级语法单位之前定义的变量则看成全局变量。

◎ 局部变量只能在被定义的语法单位中使用,不能在上一层次的语法单位中使用。

◎ 在函数中定义的局部变量,是内部变量,只在本函数范围内有效,不能在函数外的其他函数中使用。主函数中定义的局部变量也只能在主函数中使用,不能在其他函数中使用,其他函数中定义的局部变量,也不能在主函数中使用。

◎ 一个源程序文件可以包含一个或多个函数,在函数外面定义的变量称为外部变量。

◎ 全局变量指被研究对象的上一层语法单位定义的变量,全局变量存储在静态存储区之中。

◎ 变量存储属性包括变量的空间属性和变量的生命期等时间属性。

◎ 变量的存储属性取决于程序使用存储空间的方式,内存中供用户使用的存储空间分为程序区、静态存储区和动态存储区三个部分。源程序存储在存储空间的程序区,数据分别存放在静态存储区和动态存储区中。

◎ 存储方法分为静态存储和动态存储两大类,分别用关键字 auto 自动、static 静态、register 寄存器和 extern 外部说明存储类型。

◎ 在程序执行过程中外部变量占据固定的存储单元,不能动态分配和释放,这种存储方式称为静态存储方式。静态存储区中还存放加静态说明 static 的内部变量。

◎ 根据变量的存储类型不同可以分为自动变量、静态变量、寄存器变量和外部变量。

◎ 自动变量指用关键字 auto 说明存储属性的变量,缺省存储类型说明的变量都是自动变量。

◎ 静态变量指用关键字 static 说明的存储属性的变量。静态变量分配的存储单元在静态存储区内,在程序整个运行期间都不释放静态变量。

◎ 当定义静态变量时没有赋初值,编译系统自动为静态变量赋初值,对数值型变量赋初值 0,对字符型变量赋初值为空字符。

◎ 静态变量对其他函数中是不可见的,其他函数是不能引用该静态变量。

2. 语法格式

（1）函数定义的语法为

```
[类型说明符] 函数名 ([含类型说明符的形参表])
 {
声明语句
执行语句
[return 语句]
 }
```

（2）return 语句的语法为

```
return(表达式)    或:return 表达式    或:return
```

（3）无参函数的语法格式为

```
类型说明符 函数名()        或        类型说明符 函数名(void)
 {                                  {
声明语句                            声明语句
执行语句                            执行语句
 }                                  }
```

（4）无返回值函数定义的语法为

```
void 函数名([含类型说明符的形参表])
 {
声明语句
执行语句
 }
```

（5）空函数:

```
void fun1(void)
 {  }
```

（6）主函数 main 的参数。

主函数 main 的二参数	主函数 main 的三参数
int main(int argc,char*argv[])	int main(int argc,char*argv[ ],char*env[ ])
{	{
声明语句	声明语句
执行语句	执行语句
}	}

（7）函数原型的语法。

　　函数类型 函数名(形参类型 1,[形参名 1,]形参类型 2,[形参名 2,]......);

例如：int iMax(int,int);

（8）调用函数的语法格式为

　　函数名(实参表列)

例如：fZ=fComp(fX,fY);

（9）存储类型说明的语法格式：

　　[存储类型说明符]数据类型说明符 变量表列

　　[auto]数据类型说明符 变量表列

例如：auto int iA[4],iX,iY;

　　static 数据类型说明符 变量表列

例如：static int iX,iY;

　　register 数据类型说明符 变量表列

例如：register int iX,iY;

　　extern 数据类型说明符 变量表列

例如：extern int iX,iY;

7.2　分　析　方　法

7.2.1　数据传递分析

　　函数作为一个程序模块,其数据的来源是通过参数的传送、变量的作用域和变量的存储类型确定的,参数的传送分为值传送、地址传送、混合传送。变量的作用域确定全局变量或局部变量的作用范围,变量的存储类型中的静态变量与外部变量。

1. 函数参数的值传送

　　函数参数的传送不考虑函数的返回值,只讨论主调函数的参数值传送到被调函数的参数,根据参数值是数值还是地址值的不同分为值传送、地址传送、混合传送。

　　值传送是单向数据传送,被调函数的参数值的改变对主调函数的参数没有影响。值传送的实参由常量、变量、数组元素或表达式的值构成,形参是同类型的变量。

　　例 7.2.1　下列程序中实参是变量或数组元素,形参是变量,试分析数据传送方式。函数参数的传送为值传送。

实参是变量,形参是变量	实参是数组元素,形参是变量
```c\n#include <stdio.h>\nvoid func(int x,int y)\n{ int t;\n t=(x+y)/2;y=(x-y)/2;x=t;\n}\nmain()\n{int a=8,b=4;\n func(a,b);\n printf("a=%d,b=%d\n",a,b);\n}\n```	```c\n#include <stdio.h>\n void func(int x,int y)\n { int t;\n t=(x+y)/2;y=(x-y)/2;x=t;\n }\n main()\n {int a[2]={8,6},b[2]={4,2};\n func(a[0],b[0]);\n printf("a=%d,b=%d\n",a[0],b[0]);\n }\n```
运行结果:a=8,b=4	运行结果:a=8,b=4
解　函数的实参是变量,值为 a=8,b=4,执行函数调用语句后,转到执行函数模块,为局部变量开辟存储区,确定 x 和 y 的地址,按位置对应将实参的值传送到形参,形参变量的值为 x=8,b=4,执行函数体,x=6,y=2,程序没有 return 语句,不返回值,执行完函数,释放函数占有的存储空间,函数中的变量释放,对实参没有影响	**解**　函数的实参是数组元素,值为 a[0]=8,b[0]=4,执行函数调用语句后,转到执行函数模块,为局部变量开辟存储区,确定 x 和 y 的地址,按位置对应将实参的值传送到形参,形参变量的值为 x=8,b=4,执行函数体,x=6,y=2,程序没有 return 语句,不返回值,执行完函数,释放函数占有的存储空间,函数中的变量释放,对实参没有影响

2. 函数参数的地址传送

函数参数的地址传送是双向地址传送,主调函数的参数是地址值,被调函数参数是地址,地址传送的实参由变量的地址、数组名和指针构成。形参是同类型的地址变量。

例7.2.2　下列程序中实参是数组名,形参是数组,或者实参是变量地址,形参是指针变量,试分析数据传送方式。

实参是数组名,形参是数组	实参是数组元素的地址,形参是指针变量
```c\n#include <stdio.h>\nvoid swap(int x[],int y[])\n{ int i,t;\n for(i=0;i<2;i++)\n { t=x[i];x[i]=y[i];y[i]=t;}\n}\nmain()\n{int a[2]={8,6},b[2]={4,2},i;\n swap(a,b);\n for(i=0;i<2;i++)\n printf("a%d=%d,b%d=%d\n",i,a[i],i,b[i]);\n}\n```	```c\n#include <stdio.h>\nvoid swap(int* x,int* y)\n{int t;\n t=*x;*x=*y;*y=t;\n}\nmain()\n{int a[2]={8,6},b[2]={4,2},i;\n swap(&a[1],&b[1]);\n for(i=0;i<2;i++)\n printf("a%d=%d,b%d=%d\n",i,a[i],i,b[i]);\n}\n```
输出结果为 a0=4,b0=8 a1=2,b1=6	输出结果为 a0=8,b0=4 a1=2,b1=6

实参是数组名,形参是数组	实参是数组元素的地址,形参是指针变量
解 数组名为地址常量,实参是数组名,将地址传送给形参,主调函数与被调函数二者同时指向同一数组,被调函数对数组值的改变,会影响到主调函数中数组的值,地址传送将会修改的值带回主调函数	**解** 实参是数组元素的地址,形参是指针变量,指针变量属于地址变量,将实参的地址值传送给形参的指针,主调函数与被调函数二者同时指向同一变量,被调函数中变量的改变,会影响到主调函数中变量值的改变,地址传送会将修改的值带回主调函数

3. 函数参数的混合传送

函数参数的混合传送是指有的参数是值传送,另外的参数是地址传送,综合二者构成混合传送。混合传送时,实参与形参相同位置的参数应该一致,不能混淆。

例 7.2.3 下列程序中第一个实参是数组名,第一个形参是数组;第二个实参是变量,第二个形参是变量,试分析程序输出结果。

```
#include <stdio.h>
void swap(int x[],int y)
{ int t;
  {  t=x[0];x[0]=y;y=t; }
}
main(  )
{int a[2]={8,6},b=4;
 swap(a,b);
 printf("a[0]=%d,b=%d\n",a[0],b);
}
```

解 第一个实参是数组名,第一个形参是数组;属于地址传送,被调函数参数的改变会带回主调函数。第二个实参是变量,第二个形参是变量,属于值传送,被调函数参数的改变不会影响到主调函数,因此程序执行到函数调用语句"swap(a,b);",跳转到函数 swap,将数组 a 的地址传送给数组 x,将变量 b 的值传送给 y,交换 x[0] 和 y 的值,x[0]=4,y=8,主函数的 a[0] 与 x[0] 是同一地址,所以 a[0]=4,y 对 b 没有影响,b 仍为 4。编辑、编译、运行该程序,输出的结果为 a[0]=4,b=4。

4. 全局变量

全局变量是指在当前函数定义之前声明的变量,变量的作用域包括函数之内的区域,当函数中没有同名的变量时,可以直接引用该变量,当存在同名的局部变量时,则局部变量屏蔽全局变量,函数内只能使用局部变量的值。

例 7.2.4 已声明全局变量 int a=5,b=4;,函数中声明 int a=3,c=4;,主函数中声明 int b=2,c=3;,源程序如下,试分析程序的输出结果。

```
#include <stdio.h>
int a=5,b=4;
void fun(int x,int y,int z)
{
int a=3,c=4;
```

```
x=x+a;y=y+b;z=z+c;
printf("x=%d,y=%d,z=%d\n",x,y,z);
}
main( )
{
int b=2,c=3;
fun(a,b,c);
printf("a=%d,b=%d,c=%d\n",a,b,c);
}
```

解　全局变量 a＝5,b＝4;的作用域是整个程序,函数中声明 int a＝3,c＝4;的作用域是当前函数,在函数内局部变量 a 屏蔽全局变量 a;主函数中声明 int b＝2,c＝3;的作用域是主函数内部,局部变量 b 屏蔽全局变量 b。执行程序的函数调用语句,实参 a 为 5 是全局变量值,b＝2,c＝3,跳转到执行函数,将实参传送给函数的虚参 x＝5,y＝2,z＝3,函数中局部变量 a＝3,c＝4,b 为全局变量值为 4,执行语句 x＝x＋a;,x＝5＋3＝8,执行语句 y＝y＋b;,y＝2＋4＝6,执行语句 z＝z＋c;,z＝3＋4＝7,函数中输出 x＝8,y＝6,z＝7。执行完后释放函数的内存单元,值传送对主函数没有影响,主函数输出 a＝5,b＝2,c＝3。编辑、编译、运行该程序,输出结果为:

x＝8,y＝6,z＝7
a＝5,b＝2,c＝3

5. 静态变量

静态变量的值存储在静态存储区,函数释放时,数据保存在静态存储区中没有释放,函数下一次调用的初值,是前一次退出函数时的值。

例 7.2.5　在函数中声明静态变量 static int a＝2,b＝3;,源程序如下,试分析程序的输出结果。

```
#include <stdio.h>
void other(c)
{
  static int a=2,b=3;
  a=a+2;b=b+3;c=c+5;
  printf("------OTHER-------\n");
  printf("a=%d,b=%d,c=%d\n",a,b,c);
}
main()
{ int a=1,c=4,i;
  register int b=-2;
  for(i=2;i<4;i++)
    other(i);
  printf("-------MAIN--------\n");
  printf("a=%d,b=%d,c=%d\n",a,b,c);
}
```

解　编辑、编译、运行该程序输出结果为:

```
------OTHER-------
a=4,b=6,c=7
------OTHER-------
a=6,b=9,c=8
-------MAIN--------
a=1,b=-2,c=4
```

分析：在函数 other 中声明静态局部变量 a 和 b，形参 c 的值由主函数实参 i 传送过来，主函数 main 中动态局部变量 a=1，寄存器变量 b=-2，动态局部变量 c=4，循环变量 i 分别取 i=2，i=3，变量 i 是函数 other 的实参，第 1 次调用 i=2 传送到 other 函数的虚参 c=2，静态变量初值 a=2，b=3，执行语句 a=a+2；，结果 a=4，执行语句 b=b+3；，结果 b=6，执行语句 c=c+5；，结果 c=7。输出第 1 个 OTHER 的值 a=4，b=6，c=7。第 2 次调用 i=3 传送到 other 函数的虚参 c=3，静态变量初值 a=4，b=6，执行语句 a=a+2；，结果 a=6，执行语句 b=b+3；，结果 b=9，执行语句 c=c+5；，结果 c=8，输出第 2 个 OTHER 的值 a=6，b=9，c=8。执行完函数 other，返回主函数，输出 MAIN 的值 a=1，b=-2，c=4。

7.2.2　案例分析

在案例分析中，介绍函数的分析方法，参数传送的图解分析法，分析函数中程序语句的逻辑顺序，函数调用方法，递归调用，值传送图解方法和地址传送图解方法。

1. 函数的逻辑顺序

函数的逻辑顺序指函数中程序语句的逻辑顺序，主函数中程序的逻辑顺序包括数据的输入、数据的处理和数据的输出三个层次。在函数中，数据的传送比数据的直接输入更为重要，数据的返回比数据的输出更为重要，数据的返回包括用 return 语句返回函数值，包括地址传送修改参数的值。

例 7.2.6　分别用三目运算符、双边 if 求两数中的大值，试分析函数的逻辑顺序。

用三目运算符求大值	根据双边 if 求大值

`#include <stdio.h>`
`double max(double x,double y)`
`{`
`double z;`
`z=x>y?x:y;`
`return z;`
`}`
`main()`
`{ double x=24.5,y=22.5,z;`
`  z=2*max(x,y);`
`printf("z=%f\n",z);`
`}`
	`#include <stdio.h>`
	`double max(double x,double y)`
	`{`
	`double z;`
	`if(x>y)z=x;`
	`else z=y`
	`  return z;`
	`}`
	`main()`
	`{　double x=24.5,y=22.5,z;`
	`  z=2*max(y,x);`
	`printf("z=%f\n",z);`
	`}`

用三目运算符求大值	根据双边 if 求大值
解　本函数的逻辑顺序由数据传送、数据处理、数据返回三个部分组成,函数的参数类型与主函数的参数类型一致,将同类型的数据按位置对应传送到函数,数据的处理采用三目运算符的结果赋给变量 z,函数的类型与函数返回值的类型一致,将 z 的值返回到主程序,参加主程序中函数表达式的运算	**解**　本函数的逻辑顺序由数据传送、数据处理、数据返回三个部分组成,将同类型的数据按位置对应传送到函数,主函数中调用函数 max(y,x),y 的值为 22.5 传送给函数对应位置的变量 x,主函数中 x 的值为 24.5 传送给函数对应位置的变量 y,传送时按位置对应传送,而不管变量名。数据处理采用双边 if 语句将大值赋给 z。用 return 语句将 z 的值返回到主程序

2. 函数调用方法

函数调用方法可采用函数表达式、函数语句和函数参数三种方式调用。例 7.2.5 是函数语句调用方式,例 7.2.6 是函数表达式的调用方式,下面介绍函数参数的调用方式。

例 7.2.7　用函数参数方式调用三个数中的最大值,分析输出结果。

```
#include <stdio.h>
double max(double x,double y)
{
if(x>y)return x;
else return y;
}
main()
{ double a=24.5,b=22.5,c=16,d;
d=max(max(a,b),c);
printf("d=%f\n",d);
}
```

解　函数 max 的功能是求两个数中的大数,在主函数中用 max(a,b)函数作为参数,求出较大的值再与参数 c 的值进行比较,救出最大数 d=24.5。

3. 递归调用

递归调用是指函数直接或间接地调用自身,称为递归调用。递归调用由递推和回代两个部分组成。

例 7.2.8　用递归调用求 1+2+3+…+100 之和,试分析递归与回代的过程。

```
#include <stdio.h>
int sum(int k)
{  int f;
 if(k<0)printf("data error");
 else if(k==0)f=0;
 else f=sum(k-1)+k;
 return f;
}
```

```
main()
{   int a=100,s;
    s=sum(a);
    printf("d=%d\n",s);
}
```

解　递推过程 $f(100)=f(99)+100, f(99)=f(98)+99, f(97)=f(96)+97 \cdots\cdots f(3)=f(2)+3, f(2)=f(1)+2, f(1)=f(0)+1, f(0)=0$ 到达边界值。递推阶段结束。

回代阶段,从边界值 $f(0)=0$ 开始回代, $f(1)=f(0)+1=1, f(2)=f(1)+2=3, f(3)=f(2)+3=6, f(4)=f(3)+4=10 \cdots\cdots f(99)=f(98)+99=4950, f(100)=f(99)+100=5050$。

4. 数据传送图解分析方法

例 7.2.9　用图解法分析下列数据传送程序的输出结果。

数据传送源程序	图解分析法	

`#include <stdio.h>`
`int a=1,c=3;`
`int fun(int x,int y)`
`{ static int b=1,c=2;`
`  a+=x+1;`
`  b+=y+2;`
`  return a+b;}`
`  void fun1()`
`{ printf("a=%d,c=%d\n",a,c);`
`}`
`main()`
`{int a=2,b=4,d,k;`
`  d=a+b;`
`  k=fun(c,d);`
`  printf("k=%d,",k);`
`  fun1();`
`  k=fun(c,d);`
`  printf("k=%d,",k);`
`  fun1();`
`}`
	主函数 main	**函数**

	$a=2, b=4,$ $c=3; d=2+4=6$	
	$k=fun(3,6);$	$a=1, b=1, c=2$ $x=3, y=6$
		$a=a+x+1=1+3+1=5$ $b=b+y+2=1+6+2=9$
	$k=14$	返回 $a+b=5+9=14$
	$fun1()$	$a=5, c=3$
	$k=fun(3,6);$	$a=5, b=9, c=2$ $a=a+x+1=5+3+1=9$ $b=b+y+2=9+6+2=17$
	$k=26$	返回 $a+b=9+17=26$
	$fun1()$	$a=9, c=3$

图 7.2.1　数据传送图解分析法

解　全局变量和静态变量存储在静态存储区,当调用函数时修改了全局变量和静态变量时,静态存储区存储的值也作相应的修改,函数释放后,静态存储区的值保持不变。第 2 次调用函数时当前存储区的值作为变量的初值。图解分析如图 7.2.1 所示。

5. 混合传送图解方法

例 7.2.10　用图解法分析下列混合传送程序的输出结果。

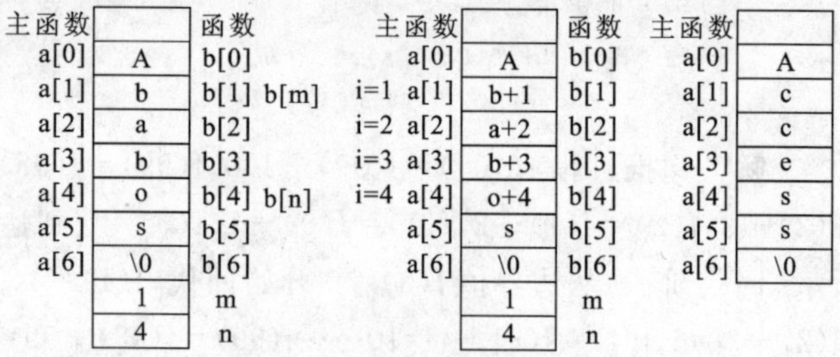

混合传送程序	图解分析法
| ```c
#include <stdio.h>
void f(char b[],int m,int n)
{int i;
 for(i=m;i<=n;i++)
b[i]+=i;
}
main()
{
char a[]={"Ababos"};
f(a,1,4);
printf("%s\n",a);
}
``` | 主函数 | | 函数 | | 主函数 | | 函数 | 主函数 | |<br>a[0]: A b[0]; i=1 a[1]: b+1 b[1]; a[0]: A ... |

图 7.2.2　混合传送图解分析法

解　函数的混合传送包括地址传送和值传送两个部分,主程序的函数调用语句的实参包括数组名 a 和常数 1、4,函数定义中形参包括数组 b[]和整型变量 m、n,将实参的数组名 a 传送给形参的数组 b[],属于地址传送,实参的常数 1、4 传送到形参变量属于值传送。

图 7.2.2 混合传送图解分析法的左边为主函数的参数,右边为传送到函数后的参数,地址传送两者地址相同,指向相同的数组元素,函数中对数组的修改会影响主函数,对子函数变量 m、n 的修改不会影响到主函数。数组元素为字符型,加上一个数后,将结果显示成字符串,显示从数组 a 到'\0'的所有字符。

7.3　习题与解答

7.3.1　练习题

1. 判断题(共 10 小题,每题 2 分,共 20 分)

(1) C 语言是函数型语言,主程序、子程序等模块都称为函数。　　　　　　　　(　　)

(2) 函数可以嵌套定义,可以嵌套调用。　　　　　　　　　　　　　　　　　(　　)

(3) 函数的使用必须遵循"先定义或先声明,后调用"的原则。　　　　　　　　(　　)

(4) 函数是一个值,函数具有类型,函数必须返回一个值。　　　　　　　　　　(　　)

(5) 函数调用时实参与形参之间按位置虚实对应,与变量名称无关。　　　　　(　　)

(6) 函数原型用于声明函数的名称、形参的个数、形参的类型,函数原型中必须指定参数。　　　　　　　　　　　　　　　　　　　　　　　　　　　　　　　　　　(　　)

(7) 函数的递归调用是指函数直接或间接地自己调用自身。　　　　　　　　　(　　)

(8) 一个函数是一个编译单位,形成一个目标代码。　　　　　　　　　　　　(　　)

(9) 自动变量指用关键字 auto 说明存储属性的变量,缺省存储属性的变量为静态变量。　　　　　　　　　　　　　　　　　　　　　　　　　　　　　　　　　　(　　)

(10) 全局变量和静态变量存储在静态存储区,函数调用后,不释放存储单元。　(　　)
```

2．单选题（共 **10** 小题，每题 **2** 分，共 **20** 分）

（1）已知函数调用的语句为 func(4,6);,下列选项中正确的定义是（　　）。

　　A. void func(int x,int y)　　　　　B. double(int x,y);

　　C. int func(int x,int y)　　　　　　D. func(x,y)

（2）函数调用语句"f((e1,e2),(e3,e4,e5));"中参数的个数是（　　）。

　　A. 1　　　　　　　B. 2　　　　　　　C. 4　　　　　　　D. 5

（3）将函数值 f 返回主调函数的语句是（　　）。

　　A. break f;　　　　　B. continue;　　　　C. return f;　　　　D. exit f;

（4）C 语言中用无返回值函数实现过程模块的功能，其类型说明符是（　　）。

　　A. int　　　　　　B. float　　　　　　C. double　　　　　D. void

（5）函数调用语句中的实参为数组名 a 和变量 m,函数定义语句中的形参为数组 b[] 和变量 x,函数参数之间的数据传送是（　　）。

　　A. 地址传送　　　　　　　　　　B. 值传送

　　C. 混合传送　　　　　　　　　　D. 用户指定传送

（6）存储方法分为静态存储和动态存储两大类,分别用静态、自动、寄存器和外部说明存储类型。系统缺省的存储类型是（　　）。

　　A. static　　　　　B. auto　　　　　　C. register　　　　D. extern

（7）下列选项中,主函数的参数说明不包括的选项是（　　）。

　　A. int N　　　　　B. int argc　　　　C. char * argv[]　　D. char * env[]

（8）已声明 double a[3],b[3],d;,已知函数调用的语句为 d=func(a[0],b[0]);,下列选项中正确的定义是（　　）。

　　A. void func(int x,int y)　　　　　B. double(double x,double y);

　　C. void func(double x,double y)　　D. int func(double x,double y)

（9）下列选项中,C 语言中的函数允许使用的定义或调用方法不包括（　　）。

　　A. 直接递归调用　　　　　　　　B. 嵌套调用

　　C. 嵌套定义　　　　　　　　　　D. 间接递归调用

（10）数组名作为参数传递给函数,作为实际参数的数组名被处理为（　　）。

　　A. 该数组的长度;　　　　　　　　B. 该数组的元素个数;

　　C. 该数组中各元素的值;　　　　　D. 该数组的首址

3．填空题（共 **10** 小题，每题 **2** 分，共 **20** 分）

（1）函数包括（　　　　　）函数和（　　　　　　　）函数两类。

（2）调用其他函数的函数被称为（　　　　　　　　　）函数,被其他函数调用的函数称为（　　　　　）函数。

（3）函数的形态分为函数的定义、函数的（　　　　　）、函数的（　　　　　　　）三种形态。

（4）函数定义由函数头和函数体两部分组成,函数体用于描述函数的功能,由（　　　　　　）

和(　　　　　　　)两部分组成。

(5) 函数调用的方式包括函数表达式、函数(　　　　)和函数(　　　　)。

(6) C语言支持递归调用,递归调用的执行过程分为(　　　　)和(　　　　)两个阶段。

(7) 函数定义时包含有形式参数的函数称为(　　　　)函数,不包括形式参数的函数称为(　　　　)函数。

(8) 主函数的两个主要参数包括(　　　　)和(　　　　)。

(9) 栈是一种后进先出的数据结构,栈分配一个存储区、固定一端作为(　　　　),另一端为活动端称为(　　　　)。

(10) 以函数作为语法单位,函数内部定义的变量是局部变量,存储在(　　　　)区,函数外部定义的变量是全局变量,全局变量和静态变量存储在(　　　　)区。

4. 简答题(共 5 小题,每题 4 分,共 20 分)

(1) 函数定义的作用是什么? 试写出函数定义的语法格式。

(2) 函数原型的作用是什么? 试写出函数原型的语法格式。

(3) 什么是值传送? 什么是地址传送? 什么是混合传送?

(4) 内存中存储空间分如何划分? 各个区域存放什么类型数据?

(5) 什么是变量的作用域? 变量有哪几种作用域?

5. 分析题(共 5 小题,每题 4 分,共 20 分)

1) 值传送

例 7.3.1　分析下列值传送程序的输出结果。

```
#include <stdio.h>
void fun(int m,int n)
{ int t;
 t=m*10+n;
 n=n*10+m;
 m=t;
 printf("m=%d,n=%d\n",m,n);
}
main()
{
    int a=4,b=6;
    fun(a,b);
    printf("a=%d,b=%d\n",a,b);
}
```

解

2）地址传送

例 7.3.2 分析下列地址传送程序的输出结果。

```c
#include <stdio.h>
fun(char x[10],char y[10])
{ int i,j=0;
 for(i=0;i<10;i++)
    if(x[i]!=x[i-1]) y[j++]=x[i];
 y[j++]='\0';
}
main()
{
    char i,a[10]={"112444566"},b[10];
    fun(a,b);
    printf("%s",b);
    printf("\n");
}
```

解

3）混合传送

例 7.3.3 分析下列混合传送程序的输出结果。

```c
#include <stdio.h>
f(int b[],int n)
{ int i;
 for(i=1;i<=n;i++)
    b[i]*=2;
 n++;
}
main()
{
    int i,k=4,a[6]={1,2,3,4,5,6};
    f(a,k);
    for(i=0;i<6;i++)
    printf("%d,",a[i]);
    printf("%d\n",k);
}
```

解

4）全局变量

例 7.3.4　分析下列程序中全局的值，计算输出结果。

```
#include <stdio.h>
int k=24;
int fun(int m,int n)            //m=2,n=4
{
    k=n*10+m;                   //k=42
    return k;
}
main()
{
    int a,b,f;
    a=k/10;                     //a=2
    b=k%10;                     //b=4
    f=fun(a,b)*2;               //f=42*2=84
    printf("f=%d,k=%d\n",f,k);
}
```

解

5）静态变量

例 7.3.5　分析下列程序中的全局变量和静态变量的值，计算输出结果。

分析静态变量程序	图解分析法

`#include <stdio.h>`
`int a=2;`
`int fun(int m,int n)`
`{   static int b=2;`
`int k;`
`a+=m;b+=n;`
`k=a*10+b;`
`printf("a=%d,b=%d\n",a,b);`
`return k;`
`}`
`main()`
`{ nt i,f;`
`for(i=1;i<3;i++)`
` f=fun(a,i);`
`printf("f=%d,a=%d\n",f,a);`
`}`	

7.3.2　习题解答

1. 判断题(共 10 小题,每题 2 分,共 20 分)

(1) T　(2) F　(3) T　(4) F　(5) T　(6) F　(7) T　(8) F　(9) F　(10) T

2. 单选题(共 10 小题,每题 2 分,共 20 分)

(1) A　(2) B　(3) C　(4) D　(5) C　(6) B　(7) A　(8) B　(9) C　(10) D

3. 填空题(共 10 小题,每题 2 分,共 20 分)

(1)（标准）、（自定义）　　　　　　(2)（主调）、（被调）

(3)（声明）、（调用）　　　　　　　(4)（声明语句）、（执行语句）

(5)（语句）、（参数）　　　　　　　(6)（递推）、（回代）

(7)（有参）、（无参）　　　　　　　(8)（计数器 argc）、（指针数组 * argv[]）

(9)（栈底）、（栈顶）　　　　　　　(10)（动态存储）、静态存储）

4. 简答题(共 5 小题,每题 4 分,共 20 分)

(1) 函数的定义是确定函数的功能,指定函数类型,函数名,形参和函数体。定义一个完整的、独立的函数单位。函数定义的语法为

```
[类型说明符] 函数名([含类型说明符的形参表])
  {
声明语句
执行语句
[return 语句]
  }
```

(2) 当函数定义在函数调用的后面时,用函数原型声明函数的名称、形参的个数、形参的类型,声明的作用是把函数名、形参个数、形参类型和顺序等信息通知编译系统,在调用函数时,编译系统识别和检查函数及其参数在调用过程中是否正确、合法。函数原型的语法格式为:

```
函数类型　函数名(形参类型 1,[形参名 1,]形参类型 2,[形参名 2,]......);
```

(3) 当常量、变量、数组元素或表达式等值作为实参,与实参相应的形参应是同类型的变量。当发生函数调用时实参的值传递给形参,形参获得值之后,在被调函数中参加运算,调用结束后,形参的变化不会影响到实参。这种传送方式称为值传送。

数组名作函数实参,数组名是地址常量,表示数组的首地址。当发生函数调用时,把实参数组的起始地址传递给形参数组,两个数组占用共同的内存单元,实参的数组名和形参数组名同时指向共同的数组单元,这种传递方式称为地址传送。

即包含值传送,又包含地址传送的传送方式称为混合传送。

(4) 内存中供用户使用的存储空间分为程序区、静态存储区和动态存储区三个部分。

源程序存储在存储空间的程序区,全局变量和静态变量存储在静态存储区,局部变量存储在动态存储区中。

(5)变量的有效范围称为变量的作用域。变量有 4 种不同的作用域,包括文件作用域、函数作用域、语句块作用域和函数原型作用域。

5. 分析题(共 5 小题,每题 4 分,共 20 分)

1)主函数执行调用语句 fun(a,b);后,跳转执行函数 fun,将实参的值 a=4,b=6,传送给虚参,虚参是变量 m,n,属于值传送,m=4,n=6,执行赋值语句,m=46,n=64,函数中输出结果为 m=46,n=64。返回主函数的下一语句,输出 a=4,b=6。

2)主函数执行调用语句 fun(a,b);后,跳转执行函数 fun,实参是数组名 a,b,是地址常量,虚参是数组 x[],y[],实现地址传送,数组 x,y 的地址分别与主函数的数组 a,b 地址相同。函数中执行循环操作,将与数组 x 中与上一个元素不同的元素赋给 y,重复的元素不重复存储,数组 y 中存储的字符串为"12456",返回主函数,释放函数,输出数组 y 的字符串为"12456"。

3)主函数执行调用语句 f(a,k);后,跳转到函数 f,实参 a 是数组名,虚参是数组 b[],实现地址传送,数组 b 的地址与主函数的数组 a 地址相同。实参 k 的值是 4,传送给虚参 n,n=4,函数中执行循环操作,b[1]=4,b[2]=6,b[3]=8,b[4]=10,执行语句 n++;后 n=5,返回主函数,释放函数,输出数组 a 的值改变为 1,4,6,8,10,6,变量 k 的值为 4 不变。

4)k 是全局变量,从主函数开始执行,a=2,b=4 传送到函数的形参,m=2,n=4,计算 k 的值,k=42,返回到主函数参加表达式的计算,f=84,输出结果 f=84,k=42。

5)

分析静态变量程序	图解分析法	

`#include <stdio.h>`
`int a=2;`
`int fun(int m,int n)`
`{  static int b=2;`
`int k;`
`a+=m;b+=n;`
`k=a*10+b;`
`printf("a=%d,b=%d\n",a,b);`
`return k;`
`}`
`main()`
`{ nt i,f;`
`for(i=1;i<3;i++)`
`  f=fun(a,i);`
`printf("f=%d,a=%d\n",f,a);`
`}`
	主函数	函数

	a=2,i=1;
	f=fun(2,1);
		m=2,n=1,a=2,b=2;
		a=4;
		b=3;
		k=43;
		输出:a=4,b=3

	f=43;	返回 k=43;

	a=4,i=2;
	f=fun(4,2);
		m=4,n=2,a=4,b=3;
		a=8;
		b=5;
		k=85;
		输出:a=8,b=5

	f=85 输出:f=85,a=8	返回 k=85;

7.4 函 数 实 验

7.4.1 函数编程方法

函数是模块化程序设计的基础,C 语言中将常用的功能独立的代码组织成功能单一的函数,供其他程序调用,函数的功能越多则可利用性越差。编写简洁、短小、功能独立的函数是学习 C 语言编程的基本功,函数的逻辑顺序主要由数据的传送、数据的处理和数据的返回三个部分依次展开的。学习函数编程,先从单一模块的主函数,将数据处理部分写成函数,掌握数据传送的方法和返回数据。再从多功能程序中分离出一些比较典型的算法组成独立的函数模块,供其他程序调用。例如常用算法中的比较大小算法、交换算法、大小写字符的转换、数组中插入一个数据,删除一个数据等常用操作编制成程序模块。然后,将通用函数改写成函数模块组成的程序。最后,采用自顶下程序设计,将完整的系统划分成多个功能模块,进一步划分成功能单一的子模块,为每个功能单一的模块编程,然后合成功能完备的系统程序。

1. 函数编程初步

例 7.4.1 将例 3.2.6 求三角形 ABC 面积 s. 的程序,改写成函数模块表示的程序。

例 3.2.6 求三角形 ABC 面积 s. 的程序	改写成函数模块表示的程序
| ```c
#include <stdio.h>
#include <math.h>
main()
{
  double a=3.0,b=4.0,c=5.0,p,s;
  p=(a+b+c)/2.0;
  s=sqrt(p*(p-a)*(p-b)*(p-c));
  printf("s=%f\n",s);
}
``` | ```c
#include <stdio.h>
#include <math.h>
double area(double x,double y,double z)
{  double p,s;
  p=(x+y+z)/2.0;
  s=sqrt(p*(p-x)*(p-y)*(p-z));
  return s;
}
main()
{  double a=3.0,b=4.0,c=5.0,s;
  s=area(a,b,c);
  printf("s=%f\n",s);
}
``` |

解 将例 3.2.6 求三角形 ABC 面积 s 的程序中的海伦公式作为函数体的基本内容,然后确定数据的传送方式,输入、输出部分留存主函数中,考虑输出方便,采用函数表达式调用方式,形参 a,b,c 是 double 型,实参 x,y,z 也应该是 double 型,函数的值是 double 型,因此,函数的类型也应该是 double。用海伦公式 $p=(a+b+c)/2.0;$,$s=sqrt(p*(p-a)*(p-b)*(p-c));$ 计算三角形面积 s,计算的结果返回主函数。编制程序如下表格右边所示。

2. 从多功能程序中分离出功能模块

例 7.4.2　试用函数模块编程,计算 $0!+2!+4!+6!+8!$ 的值。

解　利用静态变量求偶数的阶乘,递推公式为 $s=s*n*(n-1)$;,直接编程如下表左边所示,用主函数＋函数模块编程如下表中间所示,用多个函数模块编再将主函数中的求和编制成函数,如下表右边所示。

直接编程	主函数＋函数模块编程	多个函数模块编程

`main()`
`{`
`int fac(int n);`
`int i,m=8,s=1,sum=0;`
`for(i=0;i<=m;i++,i++)`
`{if(i==0)s=1;`
`  else s=s*i*(i-1);`
`  sum+=s;}`
`printf("0!+2!+...+8!=%d\n",`
`sum);`
`}`
	`#include <stdio.h>`
	`int fac(int n)`
	`{`
	`    static int s=1;`
	`    if(n==0)s=1;`
	`    else s=s*n*(n-1);`
	`    return(s);`
	`}`
	`main()`
	`{`
	`    int fac(int n);`
	`    int i,m=8,sum=0;`
	`    for(i=0;i<=m;i++,i++)`
	`      sum+=fac(i);`
	`printf("0!+2!+...+8!=%d\n",`
	`sum);`
	`}`
		`#include <stdio.h>`
		`int fac(int n)`
		`{   static int s=1;`
		`    if(n==0)s=1;`
		`    else s=s*n*(n-1);`
		`    return(s);`
		`}`
		`int sf(int m)`
		`{   int i,sum=0;`
		`    for(i=0;i<=m;i++,i++)`
		`        sum+=fac(i);`
		`    return sum;`
		`}`
		`main()`
		`{`
		`    int fac(int n);`
		`    int m=8,s;`
		`    s=sf(m);`
		`printf("0!+2!+...+8!=%d\n",s);`
		`}`

运行结果为 $0!+2!+\cdots+8!=41067$	运行结果为 $0!+2!+\cdots+8!=41067$	运行结果为 $0!+2!+\cdots+8!=41067$

3. 菜单控制多个函数模块的编程

例 7.4.3　试用菜单控制输出多个字符图形的程序。

解　编制菜单控制程序,有 10 个菜单项,其中,1~9 项执行函数调用。由于函数定义放在程序的尾部,因此,前面要用函数原形进行声明,主程序循环执行菜单,当菜单项选择 '0' 时,退出循环。菜单程序在第 4 章已经作了介绍和练习,各个函数均是前面介绍的字符图形函数。编制源程序如下:

```
#include <stdio.h>
void menu();
void function1();
void function2();
void function3();
```

```c
void function4();
void function5();
void function6();
void function7();
void function8();
void function9();
main()
{
    do
    menu();
    while(!0);
}


void menu()
{
 char choice;
 printf("┌────────────────────────┐\n");
 printf("│  *********菜单命令*********  │\n");
 printf("├────────────────────────┤\n");
 printf("│     1.矩形图形    2.上三角形    │\n");
 printf("│     3.下三角形    4.平行四边形  │\n");
 printf("│     5.棱形图形    6.箭头图形    │\n");
 printf("│     7.纺锤图形    8.内空棱形    │\n");
 printf("│     9.蝶形图形    0.退出系统    │\n");
 printf("├────────────────────────┤\n");
 printf("│     请输入数字 0-9,显示以上图形  │\n");
 printf("└────────────────────────┘\n");
choice=getchar();getchar();
switch(choice)
{
case '1':printf("矩形图形:\n");function1();break;
case '2':printf("上三角形:\n");function2();break;
case '3':printf("下三角形:\n");function3();break;
case '4':printf("平行四边形:\n");function4();break;
case '5':printf("棱形图形:\n");function5();break;
case '6':printf("箭头图形:\n");function6();break;
case '7':printf("纺锤图形:\n");function7();break;
case '8':printf("内空棱形:\n");function8();break;
case '9':printf("蝶形图形:\n");function9();break;
case '0':printf("退出系统");exit(0);
}
 }
```

```c
void function1()                    //矩形
{ int iX,iY;
    for(iY=1;iY<=5;iY++)
    {   for(iX=1;iX<=8;iX++)printf("*");
        printf("\n");}
}


void function2()                    //上三角形
{ int iX,iY;
    for(iY=1;iY<=5;iY++)
    {   for(iX=1;iX<=5-iY;iX++)printf("");
        for(iX=1;iX<=2*iY-1;iX++)printf("*");
         printf("\n");}
}


void function3()                    //下三角形
{ int iX,iY;
 for(iY=1;iY<=5;iY++)
 {  for(iX=1;iX<=iY;iX++)printf("");
   for(iX=1;iX<=11-2*iY;iX++)printf("*");
        printf("\n");}
}


void function4()                    //平行四边形
{ int iX,iY;
    for(iY=1;iY<=5;iY++)
    {   for(iX=1;iX<=iY;iX++)printf("");
    for(iX=1;iX<=8;iX++)printf("*");
        printf("\n");}
}


void function5()                    //棱形
{
int iX,iY;
for(iY=-4;iY<=4;iY++)
{for(iX=0;iX<=abs(iY);iX++)
printf("");
for(iX=1;iX<=9-abs(2*iY);iX++)
printf("*");
printf("\n");}
}
```

```c
void function6()                  //箭头
{
int iX,iY;
for(iY=-4;iY<=4;iY++)
{for(iX=0;iX<=abs(iY);iX++)
 printf("");
for(iX=1;iX<=8;iX++)
 printf("*");
printf("\n");}
}

void function7()                  //纺锤图形
{
int iX,iY;
for(iY=-5;iY<=5;iY++)
{  for(iX=1;iX<=5-abs(iY);iX++)
printf("");
for(iX=1;iX<=abs(2*iY)+1;iX++)
printf("*");
printf("\n");    }
}

void function8()                  //内空棱形
{ int iX,iY;
for(iY=-4;iY<=4;iY++)
{ for(iX=0;iX<=abs(iY);iX++)
   printf("*");
for(iX=1;iX<=8-2*abs(iY);iX++)
   printf("");
for(iX=0;iX<=abs(iY);iX++)
   printf("*");
printf("\n");    }
}

void function9()                  //蝶形图形
{ int iX,iY;
   for(iY=-4;iY<=4;iY++)
   { for(iX=1;iX<=5-abs(iY);iX++)printf("*");
   for(iX=1;iX<=2*abs(iY);iX++)printf("");
   for(iX=1;iX<=5-abs(iY);iX++)printf("*");
    printf("\n");
   }
}
```

4. 递归程序

例 7.4.4　用递归函数求阶乘,试编程计算 $1!+1/2!+1/3!+\cdots+1/n!$。

解　先编制求阶乘的递归函数,注意递归的出口条件是 $0!=1,1!=1$,即当 $k==0$ 或者 $k==1$ 时,$f=1$。然后在主函数中求阶乘的倒数和,编程中注意变量的类型。编制程序如下:

```c
#include <stdio.h>
int fac(int k)
{ long f;
    if(k<0)printf("data error");
else if(k==0||k==1)f=1;
    else f=k* fac(k-1);
    return f;
 }
main()
{ int i,a=8;
  double sum=0.0;
    for(i=1;i<=a;i++)
        sum+=1.0/fac(i);
    printf("sum=%f\n",sum);
}
```

5. 标准函数与函数的共同使用

例 7.4.5　已知 $x=1.5,y1=30°,y2=60°$,试编程求 $e^x * \sin(y1)+e^x * \sin(y2)$ 的值。

解　标准函数中正弦和余弦函数都是以弧度为单位计算函数值,e^x 用函数 $\exp(x)$ 表示,先编制一个函数 $f=\exp(x)*\sin(y*3.1415926/180);$,通过代入不同的值进行计算,编制程序如下:

```c
#include <stdio.h>
#include <math.h>
double es(double x,double y)
{ double f;
 f=exp(x)* sin(y* 3.1415926/180);
 return f;
}

main()
{
    double a=1.5,b1=30,b2=60,c;
    c=es(a,b1)+es(a,b2);
    printf("c=%f\n",c);
}
```

编辑、编译、运行程序,输出结果为 6.122101。

7.4.2 实验报告

_____大学_____学院实验报告

课程名称:C语言程序设计　　　　实验内容:函数　　　　指导教师:

学院:　　　　　　　　　　专业班级:

姓名:　　　　　　　　　　学号:　　　　　　成绩:

一、实验目的

(1) 掌握函数的定义、调用和类型,编写自定义函数。

(2) 掌握函数参数的虚实对应和参数的传递,数值传送、地址传送。

(3) 掌握全局变量、局部变量,掌握变量的存储方式,变量作用域的概念。

(4) 掌握函数的嵌套调用与递归调用。

二、预习作业(每小题 5 分,共 40 分)

1. 程序填空题:试在括号中填入正确的答案,并上机验证程序的正确性。

(1) 将程序补充完整,并求输出结果( )。

```
void swap1((     )c[ ])
{ int t;
 t=c[0];c[0]=c[1];c[1]=t;}
(    )swap2(int c0,int c1)
{ int t;
 t=c0;c0=c1;c1=t;}

main()
{ int a[2]={3,5},b[2]={3,5};
 swap1(a);swap2(b[0],b[1])
 printf("%d,%d,%d,%d\n",a[0],a[1],b[0],b[1]);
}
```

(2) 下列程序的子函数是返回最大值函数,请补充完整,程序输出的值为( )。

```
char fun(char x,char y)
{ if(x>y)return x;
    (    )y;  }
main()
{ int a='A',b='b',c='C',s;
 s=fun(fun(a,b),fun(b,c));
 printf("%d,%c",s,s);
}
```

2. 程序改错，并上机调试运行。

（1）下面程序进行浮点运算，请改正程序中的错误。

```
/**********found**********/
void func(int x,int y)
{ return x+y;
}
main()
{
  float a=4.1,b=3.3,c=3.1,s;
  s=func(func(a,b),func(b,c));
  printf("%f",s);
}
```

（2）求第1列元素之和程序，改正程序中的错误。

```
/**********found**********/
void fun(float y,float x[],)
{ x[0]=x[1]+x[2];
  y=y+x[3];
}


main()
{ float x[4]={1.1,2.2,3.3,4.0},y=2.0;
  fun(x,y);
  printf("\n%f,%f",x[0],y);
}
```

3. 读程序写结果并上机验证其正确性。

（1）以下程序的子函数中包含静态变量，程序运行后，输出结果是（　　）。

```
#include <stdio.h>
func(int a.,int b)
{  static int m=0,i=2;
  i+=m+1;
  m=i+a+b;
  return(m);
  }


main()
{ int k=4,m=1,p;
  p=func(k,m);printf("%d,",p);
  p=func(k,m);printf("%d\n",p);
  }
```

（2）读以下程序时注意变量的作用域，该程序运行后，输出结果是（　　）。

```
int d=1;
fun(int p)
{   int d=5;
   d+=p++;
   printf("%d",d);
 }
main()
{ int a=3;
   fun(a);
d+=a++;
printf("%d\n",d);
 }
```

4. 编程题。

(1) 已知一个字符数组 c＝"4638"，试将该数的千位和十位组成一个数值 43，百位和个位组成一个数值 68，试编写实现这两个两数的函数及其主函数。

(2) 试编写递归调用求 8!并计算 1!＋2!＋3!＋…＋n!值的程序，其中 n＝8。

三、调试过程（调试记录 10 分、调试正确性 10 分、实验态度 10 分）

(1) 分别调试验证预习作业的正确性。

(2) 详细记录调试过程，记录下出现的错误，提示信息。

(3) 记录解决错误的方法，记录每个程序的运行结果，思索一下是否正确，有没有其他的解题方法。

(4) 分别将文件 ex7_1.c，ex7_2.c，ex7_3.c，ex7_4.C，ex7_5.c，ex7_6.c，ex7_7.c，ex7_8.c 等文件存入考生文件夹中，并上交给班长。

四、分析与总结（每个步骤 10 分）

(1) 分析实验结果，判断结果的合理性及产生的原因。

(2) 总结实验所验证的知识点。

(3) 写出实验后的学习体会。

第8章 指针指导与实训

8.1 教材的预习及学习指导

8.1.1 教材预习指导

C语言提供了一种特殊的数据类型,被称为指针,是存放内存地址值的一种数据类型。指针类型不同于其他基本类型表示内存单元占用的字节数,指针类型表示一种间接存取方式,指针定义的内存单元存放的是另一存储单元的地址,这个地址指向存放数据的内存单元。

本章主要介绍了指针的基本概念、指针基本运算和用法、指针指向数组、指针与函数的使用以及指针作为函数的参数或返回值,指针的指针等内容。第1节讲了指针的定义与引用,主要介绍指针变量的基本概念、指针变量的定义、指针变量的初始化、指针变量的引用、指针变量的运算,预习的重点是指针变量的定义和指针变量的引用。第2节讲了指针与数组,主要介绍指向数组的指针和指向数组元素的指针、指针的运算、指针与数组的关系、指针法、下标法、一维数组与二维数组的指针表示法、行指针、字符串与字符指针、指针数组、指针的指针,预习的重点包括指向数组元素的指针、指针的运算、指针法、下标法、字符指针、行指针、指针数组、指针的指针等内容。

第3节指针与函数,主要介绍指向函数的指针、返回指针值的函数,返回指针值的函数、指针变量函数的参数,预习的重点包括指向函数的指针、指针变量作为函数的参数等内容。

8.1.2 教材学习指导

1. 指针的基本概念

◎ 指针首先是一种数据类型,指存放内存地址值的一种特殊的数据类型;其次,指针是一个直接引用地址的概念,一个变量的地址称为这个变量的指针;最后,指针变量名是表示变量地址的形式符号,具有地址的特征,习惯上称为指针。

◎ 指针变量是指向确定数据类型,用于存放该类型数据地址的变量。例如,声明整型变量 a 和整型指针变量 pa 如下:

```
int a,*pa=&a;
```

在声明语句中,＊号是指针定义符,pa 是指针变量名,两者结合在一起表示定义一个指针变量 pa,用于存放整形变量的地址,pa 指向整型变量;为指针变量赋初值,把 a 的地址赋给 pa,指针变量 pa 存放的是变量 a 的地址,pa 指向整型变量 a。

◎ 定义指针变量是通过声明语句确定指针变量的名称、指针变量的数据类型、指针变量内容、指针变量所指向内容的存储方式等。

◎ 在声明语句中，定义指针变量的数据类型是间接定义指针所指向变量的数据类型，即指针指向的内存单元的数据类型。

◎ 指针变量的初始化是用已定义相同类型变量的地址赋给指针变量。

◎ 指针变量名是表示变量地址的形式符号，具有地址的特征，习惯上称为指针。指针变量指向的内存单元存放的数据称为指针的内容。

◎ 引用指针变量用到两个运算符号，一个是取地址运算符 &，表示取变量或数组元素的地址；另一个是指针运算符 * 表示取指针变量的内容。

◎ 指针变量定义后，指针变量只能指向同一类型的变量，可以用强制类型转换方法，把被指向变量的类型强制转换成该指针变量定义的数据类型。

◎ 为指针变量名赋的初值必须是编译系统已分配存储空间的变量的地址、数组名、指针、函数的地址等地址值，不能用指定的地址常量为指针变量赋初值。

◎ 初始化指针变量是在声明指针变量的同时，为指针变量赋地址值，赋值表达式右边的地址值必须在左边先定义，在定义指针变量前面先定义，指针项右边后定义。

◎ 数组在内存中按顺序存放在一段连续的存储区域中，数组名就是这片连续内存区域的首地址。将某一元素的地址存储到指针变量中，指针变量指向该数组元素，数组元素的指针是指数组元素的地址。

◎ 指针变量只有加和减两种算术运算，其中包括自增和自减运算。

◎ 地址的运算在内存空间表示为指针的向前或向后移动、两指针间相差一个常数，运算结果要反映指针的地址特征，不出现与地址无关的操作。例如，不能出现指针加上或减去一个其他类型的数据，不能出现两个指针相加，不能出现指针参与乘法、除法、取余及字位运算等操作。

◎ 数组名是地址常量，表示数组的起始地址，数组元素的下标表示相对于起始地址的相对偏移量，即数组元素的个数。

◎ 一维数组可以用下标法、指针法表示，指针也可以用下标法、指针法表示。下标法和指针法两种表示方法可以相互替代。但是指针和一维数组两者的概念不同，数组 a 是地址常量，不能进行地址运算，指针 p 是地址变量，可以进行地址运算。

◎ 二维数组的表示方法包括下标法、指针法、混合法、行表达式法和元素表达式法 5 种方法。

◎ 指向行数组的指针称为行指针，行指针是一维指针变量的数组，行指针的下标与二维数组的列对应。行指针声明 int(＊p)[4];中(＊p)的括号不能去掉。

◎ 字符串常量简称字符串，是用英文双引号括起来的若干有效字符序列。有效字符序列包括字母、数字、专用字符、转义字符等，不包括双引号和反斜线。

◎ 字符指针是指向字符型数据的指针，字符串指针是指向字符串的指针，字符串指针存放字符串的首地址。

◎ 指针数组是指针变量的集合，是将每个数组元素定义为指针，数组的数据类型相同，指针数组的数据类型也相同，指针数组中的每一个元素都是指针。

◎ 指针数组是指针变量的集合，是将每个数组元素定义为指针。指针数组常用于处理长度不同的字符串数组。

◎ 指针的指针是当指针变量指向一个指针型数据,指针变量指向的仍然是下一级地址,由下一级地址再指向其他类型的数据单元。

◎ 函数的基本要素包括函数类型、函数名、函数参数、函数返回值等要素,这些要素均可以为指针。

◎ 为函数定义一个指向已知函数的指针变量,称为指向函数的指针。

◎ 函数定义时,用类型说明符说明函数的参数,当数据类型为指针时,称形参为指针。

◎ 当调用函数时,函数的实参是一个指针变量,称实参为指针变量。

◎ 用指向函数的指针变量作函数的参数,称形参为指向函数的指针。

◎ 指向函数的指针变量可以作为参数传递到其他函数。

◎ 当函数的返回值是指针变量,称该函数为返回指针值的函数。返回指针值的函数是定义一个函数,该函数的返回值是数据的指针,将数据的地址返回给主调函数。

◎ 数组与指向数组的指针作为函数的参数,可以分为4种方式:第1种方式形参与实参均为数组;第2种方式形参为数组,实参为指针;第3种方式形参为指针,实参为数组;第4种方式形参和实参均为指针。

2. 语法格式

1)指针变量

用于声明语句定义指针变量的语法格式为

　　　　[存储类型]数据类型 ＊指针变量名;

数据类型表示指针指向变量的类型。＊号表示指针说明符,用来说明其后的指针变量。

2)指针变量的初始化

声明指针变量的同时赋初值的语法格式为

　　　　[存储类型]数据类型＊指针变量名=地址值;

其中地址值包括 & 变量名、数组名、指针等。

3)指针变量的引用

取地址运算符:&　　　　　例:&x,&a[1]

指针运算符:＊　　　　　　例:＊p

4)指针的运算

表 8.1.1　指针的加减法运算

算术运算	表达式	功能	引用指针语句
加 n	p+n	p+n＊sizeof(type)后移 n 个元素	q=p+2;
减 n	p−n	p−n＊sizeof(type)前移 n 个元素	q=p−2;
后置自增	p++	p 先运算,后 p+sizeof(type)	q=p++;
后置自减	p−−	p 先运算,后 p−sizeof(type)	q=p−−;
前置自增	++p	p+sizeof(type),后运算	q=++p;
前置自减	−−p	p−sizeof(type),后运算	q=−−p;
指针相减	p−q	指 p 与 q 之间元素的个数	m=p−q;

5）一维数组与指针

数组下标法：数组名[下标表达式]   指针的下标法：指针[下标表达式]

数组指针法：*(数组名+i)   指针的指针法：*(指针+i)

6）二维数组与指针

二维数组与指针的常用表示方法包括下标法、指针法、混合法、行表达式法和元素表达式法 5 种。

表 8.1.2 二维数组的表示方法

方法	地址	地址引用举例	内容	内容举例
首地址	数组名 x	x, * x	int x[3][4];	定义 3×4 数组
下标法	& x[i][j]	& x[1][2]	x[i][j]	x[1][2]
指针法	*(x+i)+j	*(x+1)+2	*(*(x+i)+j)	*(*(x+1)+2)
混合法	x[i]+j	x[1]+2	*(x[i]+j); (*(x+i))[j]	*(x[1]+2); (*(x+1))[2]
行表达式法	x[0]+n*i+j	x[0]+4*1+2	*(x[0]+n*i+j)	*(x[0]+4*1+2)
元素表达式法	& x[0][0]+n*i+j	& x[0][0]+4*1+2	*(& x[0][0]+n*i+j)	*(& x[0][0]+4*1+2)

7）行指针

行指针定义的语法格式如下：

```
类型标识符 (*指针)[常量表达式];
```

例如：int (*p)[4];

8）字符数组

一维字符数组的语法定义为

```
char 数组名[常量表达式];
```

字符串数组定义为

```
char 数组名[常量表达式][常量表达式];
```

例如：char c[6],ch[3][6];

字符数组在定义过程中可以进行初始化，例如：

```
char s[]="VC++Program!";
```

9）指针数组

定义指针数组的语法格式为

```
类型标识符 *数组名[整型常量表达式];
```

例如：char *pa[4];

10）指针的指针

定义指针的指针的语法格式为

```
类型标识符 **指针名;
```

例如：int a=2,*p=&a,**s=&p;

11）指向函数的指针

声明指向函数的指针变量的语法格式为

```
数据类型 (*指针变量名称)(形参表列);
```

例如：int(*p)(int x,int y);

12）返回指针值的函数

定义返回指针值的函数的语法格式为

　　数据类型 *函数名(形参表列);

　　{函数体}

例如:int *max(int x,int y);

　　{return x+y;}

13）指针变量作为函数的参数

表 8.1.3　指向数组的指针作为函数的参数

形参和实参均为数组	形参为数组、实参为指针	形参为指针、实参为数组	形参和实参均为指针

#include "stdio.h"
int fun(int x[],int n)
{ int i,min=4;
for(i=0;i<n;i++)
if(x[i]<min)min=x[i];
return min;
}
	#include "stdio.h"
	int fun(int x[],int n)
	{ int i,min=4;
	for(i=0;i<n;i++)
	if(x[i]<min)min=x[i];
	return min;
	}
		#include "stdio.h"
		int fun(int*x,int n)
		{ int i,min=4;
		for(i=0;i<n;i++)
		if(x[i]<min)min=x[i];
		return min;
		}
			#include "stdio.h"
			int fun(int*x,int n)
			{ int i,min=4;
			for(i=0;i<n;i++)
			if(x[i]<min)min=x[i];
			return min;
			}

main()
{int a[8]={4,6,3,2,1,5};
int*p=a,i;
for(i=0;i<6;i++,p++)
 	
a[i]=*p+fun(a,3);
for(i=0;i<6;i++)
printf("%d",a[i]);
}
	main()
	{int a[]={4,6,3,2,1,5};
	int*p=a+1,i;
	for(i=0;i<6;i+=2)
	a[i]=a[i]+fun(p,3);
	for(i=0;i<6;i++)
	printf("%d",a[i]);
	}
		main()
		{int a[]={4,6,3,2,1,5};
		int*p=a,i;
		for(i=0;i<6;i++,p++)
		a[i]=*p+fun(a+3,3);
		for(i=0;i<6;i++)
		printf("%d",a[i]);
		}
			main()
			{int a[]={4,6,3,2,1,5};
			int*p=a+3,i;
			for(i=0;i<6;i+=2)
			a[i]=a[i]+fun(p,3);
			for(i=0;i<6;i++)
			printf("%d",a[i]);
			}

输出:796695	输出:665235	输出:574327	输出:564225

14）字符数组及作为函数的参数

表 8.1.4　指向字符串的指针和字符数组作为函数的参数

形参与实参均为字符数组	形参为字符数组,实参为字符串指针

#include <stdio.h>
#include <string.h>
void func(char s[],int n)
{ char a[10];
 int i,j=0,k=0;
 for(i=0;s[i]!='\0';i++)
{if(s[i]>='0' && s[i]<='9')
 [j++]=s[i];
else if(s[i]>='a' && s[i]<='z')
s[k++]=s[i];}
a[k]='\0';
s[k]='\0';
strcat(s,a);
}
	#include <stdio.h>
	#include <string.h>
	void func(char s[],int n)
	{ char a[10];
	 int i,j=0,k=0;
	 for(i=0;s[i]!='\0';i++)
	{if(s[i]>='a' && s[i]<='z')
	 a[j++]=s[i];
	else if(s[i]>='0' && s[i]<='9')
	    s[k++]=s[i];}
	a[k]='\0';
	s[k]='\0';
	strcat(s,a);
	}

形参与实参均为字符数组	形参为字符数组,实参为字符串指针

main()
{char str[]="a1b2c3d4",*sp=str;
func(str,sizeof(str));
puts(str);
}
	main()
	{char str[]="a1b2c3d4",*sp=str;
	func(sp,sizeof(str));
	puts(str);
	}

输出:abcd1234	输出:1234 abcd

形参为字符串指针,实参为字符数组	形参和实参均为字符串指针

#include <stdio.h>
void func(char*s,int n)
{char*p=s;
while(*s)
{if(*s>='0'&&*s<='9')
*p++=*s++;
else s++;}
*p='\0';
}
	#include <stdio.h>
	void func(char*s,int n)
	{char*p=s;
	while(*s)
	{if(*s>='a'&&*s<='z')
	*p++=*s++;
	else s++;}
	*p='\0';
	}

main()
{char str[]="a1b2c3d4",*sp=str;
func(str,sizeof(str));
puts(str);
}
	main()
	{char str[]="a1b2c3d4",*sp=str;
	func(sp,sizeof(str));
	puts(str);
	}

输出:1234	输出:abcd

8.2　分析方法

8.2.1　指针分析

指针变量可以指向各种数据类型的变量、数组、字符串、函数、指针,存放这些数据类型的变量、数组、字符串、函数、指针的地址,形成指向变量的指针、指向数组的指针、指向字符串的指针、指向函数的指针、指向指针的指针。下面分别举例说明这些指针的使用方法。

1. 指向变量的指针

例 8.2.1　已声明 int a=8,b=4;,用指向变量的指针作为函数的参数,编制交换两个数的函数,在主函数中输出 a,b 两数。

```
void swap(int*x,int*y)
{ int t;
  {t=*x;*x=*y;*y=t;}
```

```
}
main()
{int a=8,b=4;
 swap(&a,&b);
 printf("a=%d,b=%d\n",a,b);
}
```

解　实参是变量的地址,形参是指针变量,指针变量属于地址变量,将实参的地址值传送给形参的指针,主调函数与被调函数二者同时指向同一变量,被调函数中变量的改变,会影响到主调函数中变量值的改变,地址传送会将修改的值带回主调函数。

编辑、编译、运行源程序,输出结果为:a=4,b=8。

2. 指向数组的指针

例 8.2.2　程序如下所示,指向数组的指针 p 指向的是数组的第 3 个元素,求剩下 4 个元素的累加和。

```
#include <stdio.h>
int fun(int*b)          //指针 b 指向指针 p,指向数组的第 3 个元素;
{ int i,sum=0;          //变量在循环体外要赋初值 0;
 for(i=0;i<4;i++)       //循环操作,从 0 到 3 共 4 次;
  sum+=b[i];           //求累加和,b[i]是指针的下标表示法;
 return sum;            //返回累加和 sum。
}
main()
{ int k,a[6]={1,2,3,4,5,6},*p=a+2;
 k=fun(p);
 printf("k=%d\n",k);
}
```

解　主函数由数组输入,函数表达式调用 fun 函数处理数据,输出数据三部分组成,逻辑顺序清楚,函数的实参为指针,指向数组 a 的第 3 个元素,形参为指针,通过虚实对应指向数组 a 第 3 个元素,函数为求数组元素的累加和,sum=3+4+5+6=18。将 sum 返回到主函数赋给 k,输出的 k 值 18。

3. 指向字符串的指针

例 8.2.3　用指向字符串的指针 * s 作为形参,将字符串从第 3 个到第 9 个元素两两进行首尾交换的函数如下所示,试分析程序的运行结果。

```
void fun(char * s,int m,int n)     //s 指向 chS,m=2,n=8;
{ char *s1,*s2,c;                   //定义局部变量与指针变量
 s1=s+m;s2=s+n;                     //将 s1 指向 s+2 的地址,指向 r;s2 指向 1;
 while(s1<s2)                       //当 s1<s2 执行循环体
 {c=*s1;*s1++=*s2;*s2--=c;}         //s1 与 s2 交换,s1 下移,s2 上移;
}
```

```
main( )
{char chS[12]="Herow ollld";
 fun(chS,2,8);
 printf("%s\n",chS);
}
```

解　主函数由字符串输入,调用 fun 函数处理数据,输出处理后的字符串,逻辑顺序正确清楚,执行调用函数语句,函数的实参由数组名和常量组成虚参由指向字符串的指针和变量组成,形成混合传送数据,s 指向 chS,m＝2,n＝8,主函数字符数组的数据随着函数数据的改变而改变。

执行函数的声明语句,定义局部变量 c 与指针变量 s1,s2,将 s1 指向 r;s2 指向倒数第 2 个 l,只要 s1＜s2,交换 s1 与 s2,即 r 与 l 交换,且 s1 下移 1 个单元,s2 上移 1 个单元,接着交换 o 与 l,再交换 w 与 o,此时 s1＝s2,退出循环,执行完函数,返回主函数的下一语句,输出字符串"Hello world"。

4. 指向函数的指针

例 8.2.4　下列程序是用指向函数的指针调用函数,试分析函数输出结果。

```
#include "stdio.h"
#include <math.h>
double pyth(int a,int b)
{ double c;
 c=sqrt(a*a+b*b);
 return c;
}
main()
{
 int x=6,y=8;
 double(*p)(int x,int y);          //定义 p 是指向函数的指针变量;
 p=pyth;                           //将 p 指向 pyth;
 printf("%f\n",(*p)(x,y));         //通过指针变量 p 调用函数。
}
```

解　函数是根据两直角边,求斜边长度的程序,因为使用数学函数 sqrt 开平方,所以要包含 math.h 头文件。在主函数中定义 p 是指向函数的指针变量,将 p 指向 pyth,通过指针变量 p 调用函数输出函数的值。

5. 指向指针的指针

例 8.2.5　指向指针的指针程序如下,试分析程序的输出结果。

```
#include <stdio.h>
fut(int **x,int p[3][3])          //x 指向 p 的地址,p 指向数组 a;
{ **x=p[1][1]+**x;}               //p[1][1]=5,初值**x=2,**x=7;
main()
```

```
{
int a[3][3]={1,2,3,4,5,6,7,9,11},b=2,*p=&b;
fut(&p,a);                                //地址传送
printf("%d\n",* p);
}
```

解　主函数逻辑顺序分三步。第一步为声明变量、数组、指针时赋初值；第二步为调用函数 fut 处理数据，第三步为输出结果。函数调用时实参为指针的地址、数组名，虚参为指针的指针、二维数组，两个参数均为地址传送。指针的指针 x 指向指针 p，指针 p 指向变量 b，则 $**x=*p=b=2,p[1][1]=a[1][1]=5;**x=2+5=7$。函数执行完后返回主函数，$**x$ 的值带回到变量 b，$*p$ 的值为 7。

8.2.2　案例分析

指针的案例分析中，用图解分析法指针指向各种类型的变量、一维数组、二维数组、字符串、指针的图解过程，方法与数组分析的方法相同，表示更清楚、简洁。

1. 指向变量的图解法

例 8.2.6　已知两个整数 a＝8，b＝4，试编程用地址传送求两者之间较大的值。

```
#include <stdio.h>
int max(int* x,int* y)
{    int z;
    z=*x>*y?*x:*y;
return z;}
main()
{int a=8,b=4,k;
 k=max(&a,&b);
 printf("k=%d\n",k);
}
```

解　主函数声明局部变量 a＝8，b＝4，k，在内在中分配存储单元，如图 8.2.1a 所示，调用函数 max，将 a 的地址传送到指针 x，将 b 的地址传送到指针 y，x 指向 a，x 的内容 $*x=8$，y 指向 b，y 的内容 $*y=4$，如图 8.2.1b 所示。由于 $*x>*y$，z＝8，返回给主函数的变量 k，输出 k＝8，如图 8.2.1c 所示。

主函数		函数		主函数		函数			
a=8	a	8	*x ͨx y	a=8	a	8	*x ͨx y		
b=4	b	4	*y	b=4	b	4	*y		
k=max(8，4)；	k			k=max(8，4)；	k			**主函数**	
	&a	x			&a	x		a=8	a	8
	&b	y			&b	y		b=4	b	4
		z			8	z		k=8	k	8

　　图 8.2.1a　传送地址　　　　图 8.2.1b　求出 z　　　　图 8.2.1c　释放函数

2. 指向一维数组的图解法

例 8.2.7　指向一维数组的程序如下,试用图解法分析程序结果。

```c
#include <stdio.h>
#define N 8
void fun(int*b)
{ int i,sum=0;
 for(i=0;i<N-2;i++)
  if(b[i]%2==0)b[i]++;
}
main()
{ int i,a[N]={1,2,4,5,6,8,9,10},*p=a+2;
 fun(p);
 for(i=0;i<N;i++)
 printf("a[%d]=%d\n",i,a[i]);
 }
```

解　主函数声明变量、数组和指针,并对数组和指针赋初值,如图 8.2.2a 所示,指针变量 p 存放的是数组的地址 a+2,p 指向 a[2]。执行函数调用语句,将指针的地址 p 传送到函数的指针 b,用下标表示如图 8.2.2b 所示,执行函数语句,依次执行循环 i 从 0 到 5,如果 b[i]是偶数,将 b[i]的值加 1 存入 b[i],否则 b[i]的值不变,如图 8.2.2c 所示。执行完函数后释放函数空间,返回主函数的下一语句,输出数组 a 的值,如图 8.2.2d 所示。

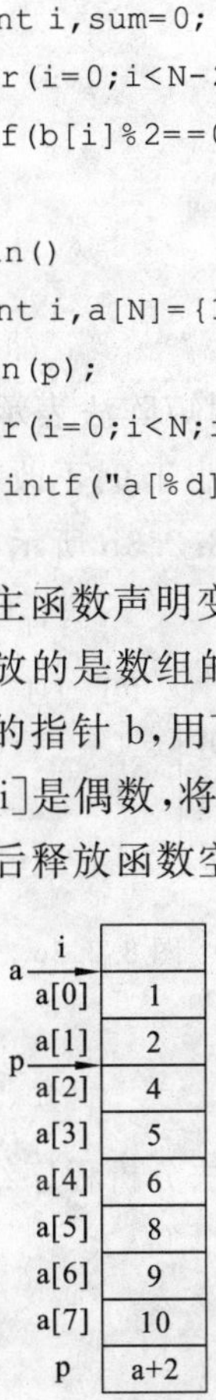

图 8.2.2a 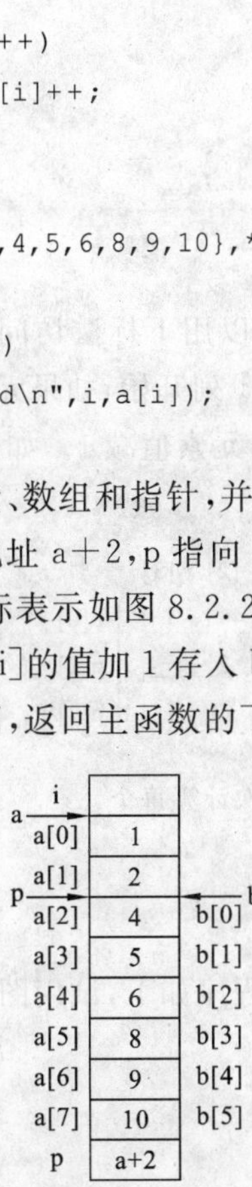　　　图 8.2.2b 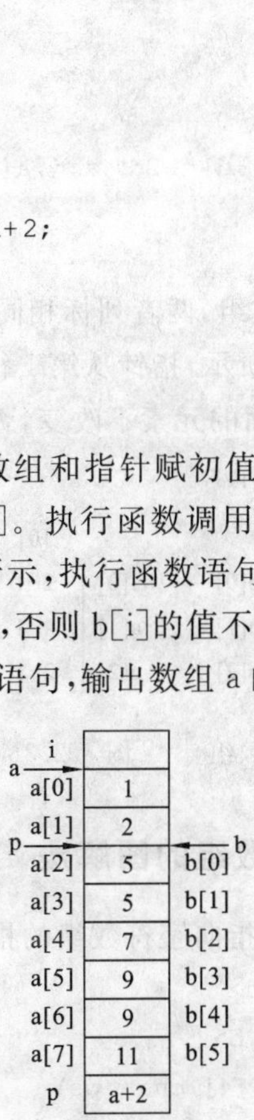　　　图 8.2.2c 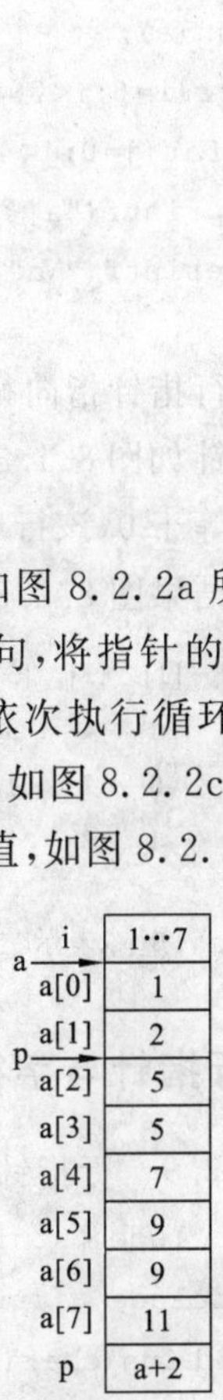　　　图 8.2.2d

3. 行指针与二维数组的图解法

例 8.2.8　下面程序的功能是当 p[i][j]=0 时,跳出内层循环,当 p[i][j]<0 时,检测下一步循环,当 p[i][j]>0 时,将 p[i][j]的值减 1,试用图解法分析程序结果。

```c
#include <stdio.h>
void  fun(int(*p)[4])
{ int i,j;
 for(i=0;i<3;i++)
  for(j=0;j<4;j++)
```

```
    if(p[i][j]==0)break;
     else if(p[i][j]<0)continue;
        else p[i][j]=p[i][j]-1;
}
  main()
{ int a[3][4]={2,-1,4,3,4,0,2,-1,2,1,-3,4};
 int i,j;
 fun(a);
 for(i=0;i<3;i++)
 { for(j=0;j<4;j++)
   printf("a[%d][%d]=%2d",i,j,a[i][j]);
   printf("\n");  }
}
```

解　行指针指向行数组，两者列标相同，可以用下标法访问，用矩阵法表示二维数组及其行指针如图 8.1.3a 所示，指针从第 1 行第 1 列开始，如果元素小于 0，不改变元素值，如果元素等于 0，该行后面的元素不改变，否则，元素值减 1。如图 8.2.3b 所示，计算出每个元素的结果图 8.2.3c 所示。

$$\begin{array}{c} \\ a[0] \\ a[1] \\ a[2] \end{array} \begin{array}{c} \begin{array}{cccc} [0] & [1] & [2] & [3] \end{array} \\ \left(\begin{array}{cccc} 2 & -1 & 4 & 3 \\ 4 & 0 & 2 & -1 \\ 2 & 1 & -3 & 4 \end{array}\right) \end{array} \begin{array}{c} \\ p[0] \\ p[1] \\ p[2] \end{array}$$

图 8.2.3a　矩阵表示二维数组

$$\begin{array}{c} \\ a[0] \\ a[1] \\ a[2] \end{array} \begin{array}{c} \begin{array}{cccc} [0] & [1] & [2] & [3] \end{array} \\ \left(\begin{array}{cccc} 2-1 & -1 & 4-1 & 3-1 \\ 4-1 & 0 & \underline{2} & \underline{-1} \\ 2-1 & 1-1 & -3 & 4-1 \end{array}\right) \end{array} \begin{array}{c} \\ p[0] \\ p[1] \\ p[2] \end{array}$$

图 8.2.3b　依次计算每个元素

$$\begin{array}{c} \\ a[0] \\ a[1] \\ a[2] \end{array} \begin{array}{c} \begin{array}{cccc} [0] & [1] & [2] & [3] \end{array} \\ \left(\begin{array}{cccc} 1 & -1 & 3 & 2 \\ 3 & 0 & 2 & -1 \\ 1 & 0 & -3 & 3 \end{array}\right) \end{array}$$

图 8.2.3c　运算结果

4. 行指针与字符数组的图解法

例 8.2.9　行指针与指向字符数组的指针程序如下，试用图解法分析程序结果。

```
#include <stdio.h>
#include <string.h>
void fun(char(*p)[4],char*ps)
{  strcpy(p[1],ps);
}
 main()
{ char ch[4][4]={"How do you do"},s[10]="are you!";
 int i;
 fun(ch,s);
  printf("%s\n",ch);
}
```

解　用行指针指向不同的字符串，用指向字符数组的指针 ps 指向一维数组 s，将 ps 复制到第 2 个字符串，如图 8.2.4a 所示，将 ps 指向的字符串复制到 p[1]指向的数组内，结果如图 8.2.4b 所示。

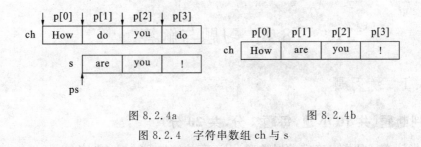

图 8.2.4a 图 8.2.4b

图 8.2.4 字符串数组 ch 与 s

5. 指针的指针与指针数组的图解法

例 8.2.10 用指针数组存储字符串,函数的实参为指针数组,虚参为指针的指针,通过虚实对应关系将指针的指针指向指针数组,分析下面程序的输出结果。

```
#include <stdio.h>
void fun(char**p,char*ps)
{   p[1]=ps;
    p[3]="!";
}
 main()
{ char*ch[4]={"How","do","you","do"},*s="are";
  int i;
fun(ch,s);
for(i=0;i<4;i++)
printf("%s",ch[i]);
printf("\n");
}
```

解 指针数组 ch[4] 的 4 个元素分别指向 4 个字符串的指针,函数的实参为指针数组,虚参为指针的指针,在函数调用时,通过虚实对应关系将指针的指针指向指针数组,指针数组与指针的指针之间的地址传送如图 8.2.5a 所示,p[i] 是指向字符串的指针,存放字符串的首地址,只能进行字符串操作,执行语句 p[1]=ps;将 p[1] 指向字符串 "are",执行语句 p[3]="!";,将 p[3] 指向字符串 "!",图 8.2.5b 所示,执行完函数返回主函数的下一语句,输出指针数组元素指向的字符串。

ch[0]	How\0	p[0]
ch[1]	do\0\0	p[1]
ch[2]	you\0	p[2]
ch[3]	do\0\0	p[3]
s	are\0	ps

ch[0]	How\0	p[0]
ch[1]	are\0	p[1]
ch[2]	you\0	p[2]
ch[3]	!\0\0\0	p[3]
s	are\0	ps

图 8.2.5a 指向字符串的指针数组　　图 8.2.5b 赋值后指向的字符串

8.3　习题与解答

8.3.1　练习题

1. 判断题（共 **10** 小题，每题 **2** 分，共 **20** 分）

(1) 指针变量是指向确定数据类型，用于存放该类型数据地址的变量。　　　　（　　）

(2) 在声明指针变量的同时可以为指针变量赋初值，初值可为绝对地址。　　（　　）

(3) 通常称指针变量的变量名为指针，表示指针变量的地址。　　　　　　　（　　）

(4) 指针变量定义但没有初始化，指针自动指向同类型的一个变量。　　　　（　　）

(5) 指针必须先定义后使用，初始化指针变量的赋值表达式右边的地址值必须前面
先定义的地址值。　　　　　　　　　　　　　　　　　　　　　　　　　　　（　　）

(6) 指针可以参与加、减、乘法、除法运算，不能参入其他运算。　　　　　　（　　）

(7) 将二维数组的行看成一个元素称为行数组，指向行数组的指针称为行指针。

（　　）

(8) 指针的指针是指向一个指针型数据类型，只能用于指向二维数组的地址。

（　　）

(9) 指针数组是指针变量的集合，是将每个数组元素定义为指针。指针数组常用于
处理长度不同的字符串数组。　　　　　　　　　　　　　　　　　　　　　　（　　）

(10) 指向函数的指针是函数的返回值是指针变量。　　　　　　　　　　　　（　　）

2. 单选题（共 **10** 小题，每题 **2** 分，共 **20** 分）

(1) 有声明语句 int a, * pa＝&a;，以下 scanf 语句中能正确为变量 a 读入数据的是
（　　）。

　　A. scanf("%d",pa);　　　　　　　　　　B. scanf("%d",a);

　　C. scanf("%d",&pa);　　　　　　　　　　D. scanf("%d", * pa);

(2) 已声明数组和指针 int a[10]＝{1,2,3,4,5,6,7,8,9,10}, * p＝a＋2;则 * (p＋3)的
值是（　　）。

　　A. 3　　　　　　　B. 6　　　　　　　C. 2　　　　　　　D. 5

(3) 已声明 int a[3], * p＝a;中，则对 a 数组元素的正确引用是（　　）。

　　A. * &a[3]　　　　B. a＋2　　　　　　C. * (p＋2)　　　　D. * (a＋3)

(4) 声明语句 int a＝10,b＝5, * p1＝&a, * p2＝&b;，执行语句 * p1＝ * p2,则 a 和
b 的值为（　　）。

　　A. 10　5　　　　　B. 5　10　　　　　C. 10　10　　　　　D. 5　5

(5) 若已定义 int a[9], * p＝a;并在以后的语句中未改变 p 的值，不能表示 a[1]地址
的表达式是（　　）。

　　A. p＋1　　　　　B. a＋1　　　　　　C. a＋＋　　　　　D. p＋＋

(6) 以下语句中,能正确进行字符串赋值的是(　　　)。

　　A. char * sp；* sp＝"right"；　　　　　　B. char * sp＝"right"；

　　C. char s[ ]；* s＝"right"；　　　　　　　D. char s[10]；s＝"right"；

(7) 已声明 char ch[2][3]＝{"VC","TC"}，(* p)[4]＝ch；下面选项中正确的调用语句是(　　　)。

　　A. p[1][1]＝'D'　　B. p[1]＝'D'　　　　C. p＝'D'　　　　　　D. * p＝'D'

(8) 已声明 char * pstr；,下面选项中正确的调用语句是(　　　)。

　　A. * pstr＝"Hi"；　　　　　　　　　　　B. pstr＝"Hi"；

　　C. pstr＋2＝'Hi'；　　　　　　　　　　D. * * pstr＝"Hi"；

(9) 已声明 char * p[2]＝{"VC","TC"}；下面选项中正确的调用语句是(　　　)。

　　A. p[1][1]＝"De"；　　　　　　　　　　B. p＝"De"；

　　C. p[1]＝"De"；　　　　　　　　　　　D. * * p＝"De"；

(10) 已声明 int(* p)(int x,int y)；,p＝max；,下列选项中正确的函数调用语句是(　　　)。

　　A. * max(x,y)；　　B. p(x,y)；　　　　C. * p(x,y)；　　　D. (* p)(x,y)；

3. 填空题(共 10 小题,每题 2 分,共 20 分)

(1) 声明指针的语句中,(　　　　　)是指针定义符,指针变量名表示(　　　　　)。

(2) 引用指针变量用到两个运算符号,一个是(　　　　　　　　　　),另一个是(　　　　　　　　　)表示取指针变量的内容。

(3) 指针变量只有(　　　　)和(　　　　　)两种算术运算,其中包括自增和自减运算。

(4) 指针变量的初始化是用已定义相同类型变量的(　　　　　)赋给(　　　　　)。

(5) 一维数组的表示法包括(　　　　　)、(　　　　　)两种。

(6) 指向行数组的指针称为(　　　　　),其下标与二维数组的(　　　　　)对应。

(7) 字符指针是指向(　　　　　)的指针,字符串指针是指向字符串的指针,字符串指针存放字符串的(　　　　　)。

(8) 指针数组是(　　　　　)的集合,指针数组中的每一个元素都是(　　　　　)。

(9) (　　　　　)存储的是地址的地址,声明时用(　　　　　)作为定义符。

(10) 用指向函数的指针变量作函数的参数,称形参为(　　　　　);当函数的返回值是指针变量,称该函数为(　　　　　)。

4. 简答题(共 5 小题,每题 4 分,共 20 分)

(1) 什么是指针?

(2) 什么是指针变量? 写出声明指针变量的语法格式。

(3) 如何初值化指针变量?

(4) 什么是指向函数的指针? 写出声明指向函数的指针的语法格式。

（5）什么是返回指针值的函数？写出定义返回指针值的函数的语法格式。

5. 分析题（共 5 小题，每题 4 分，共 20 分）

1）指向变量的指针

例 8.3.1　分析以下程序运行的结果。

```
#include <stdio.h>
void fun(int x,int *y)
{*y=x++;(*y)++;}
main()
{
int a1=2,a2=4,*p1=&a1,*p2=&a2;
  p2=p1;
  fun(a1,p2);
  printf("a1=%d,a2=%d\n",a1,a2);
}
```

解

2）指向数组的指针

例 8.3.2　下列程序是计算数组中奇数之和与偶数之和，分析程序的计算结果。

```
#include <stdio.h>
void fun(int*p)
{int i,os=0,es=0;
 for(i=0;i<8;i++)
  if(p[i]%2==0)es+=p[i];
  else os+=p[i];
 p[0]=es;p[1]=os;
}
main()
{ int a[8]={2,4,5,6,7,8,9,10};
 fun(a);
 printf("es=%d,os=%d\n",a[0],a[1]);
}
```

解

3）指向字符数组的指针

例 8.3.3　下面程序是给定一个字符串 ch[20]＝{"nolemons"}，以字符串的 s 为中心，对称复制其余字符，形成回文 ch[20]＝{"nolemonsnomelon"}，试分析程序的执行过程。

```
#include <stdio.h>
void fun(char *s,int n)
{ int i;
 char *s1=s+n-1,*s2=s+n+1;
 for(i=n-1;i>=0;i--)
    *s2++=*s1--;
    *s2='\0';
}
main()
{ char ch[20]={"nolemons"};
 fun(ch,7);
 printf("%s\n",ch);
}
```

解

4) 返回指针值的函数

例 8.3.4　下面是一个返回指针值的函数,分析程序运行的结果。

```
#include "stdio.h"
int *fun(int a,int b)
{   int c;
   c=a*10+b;  ;
return &c;
}
main()
{
 int *p,x=3,y=4;
 p=fun(x,y);
 printf("*p=%d\n",*p);
}
```

解

5) 行指针与二维数组

例 8.3.5　用行指针指向二维数组的程序如下所示,试分析程序的输出结果。

```
#include "stdio.h"
main()
{int i,j,a[][3]={3,2,1,4,2,0,5,1,2},(*p)[3]=a;
 for(i=0;i<3;i++)
  for(j=i+1;j<3;j++)p[j][i]=0;
```

```
        for(i=0;i<3;i++)
    {for(j=0;j<3;j++)printf("%d",a[i][j]);
    printf("\n");  }
    }
```
解

8.3.2　习题解答

1. 判断题

(1) T　(2) F　(3) T　(4) F　(5) T　(6) F　(7) T　(8) F　(9) T　(10) F

2. 单选题

(1) A　(2) B　(3) C　(4) D　(5) C　(6) B　(7) A　(8) B　(9) C　(10) D

3. 填空题

(1) * 号　指针　　　　　(2) 取地址运算符 &　指针运算符 *

(3) 加　减　　　　　　　(4) 地址　指针变量

(5) 下标法　指针法　　　(6) 行指针　列

(7) 字符型数据　首地址　(8) 指针变量　指针

(9) 指针的指针　* *　　　(10) 指向函数的指针　返回指针值的函数

4. 简答题

(1) 指针包括三层含义,首先指针是一种数据类型,指存放内存地址值的一种特殊的数据类型;其次,指针是一个直接引用地址的概念,一个变量的地址称为这个变量的指针;第 3 指针变量名是表示变量地址的形式符号,具有地址的特征,习惯上称为指针。

(2) 指针变量是指向确定数据类型,用于存放该类型数据地址的变量。声明指针变量的语法格式为

　　[存储类型]数据类型 *指针变量名;

(3) 指针变量的初始化是指在声明指针变量时。用已定义相同类型变量的地址值赋给指针变量。可以在声明指针变量的同一行,先定义变量、数组等数据确定其地址值,再声明指针变量并赋初值。

(4) 指向函数的指针是声明一个指针变量,将一个函数的地址赋给指向函数的指针变量,可以用指向函数的指针替代函数进行操作,用指针变量调用函数,指针指向函数的首地址。声明指向函数的指针变量的语法格式为

　　数据类型(*指针变量名称)(形参表列);

（5）返回指针值的函数是定义一个函数，该函数的返回值是数据的指针，将数据的地址返回给主调函数。定义返回指针值的函数的语法格式为

数据类型 *函数名(形参表列)；

{函数体}

5. 分析题

1）本程序中的语句 p2＝p1；，使两个指针都指向 a1，第 1 个实参 a1 的值 2 传送给 x，第 2 个实参 p2 将 a1 的地址传送给指针 y，所以，x＝2，y＝&a1；执行 *y＝x++；语句，a1＝2，执行(*y)++；语句，a1＝3，*y 的值随指针 p2 返回，a1＝3，a2 的值没有传送给子函数，一直没有参加运算，故 a2＝4。编辑、编译、运行程序输出结果为

a1＝3，a2＝4。

2）本题是通过参数的地址传送，将数组的地址传送给实参指针 p，执行函数语句，通过循环语句，用条件 p[i]%2＝＝0 判断奇、偶数，用求和算法求和，求完奇数之和、偶数之和后，用数组返回计算结果。

3）字符串的个数与位置之间差 1，因为 C 语言习惯位置从 0 开始排序，第 8 个字符的位置序号是 7，调用函数的实参由数组名 ch 和位置序号值 7 组成，传送给虚参指针 s 和变量 n，循环用倒序从 n＝1 到 0，依次递减，到 0 为止将字符 s 前一位置的字符复制到 s 的后一位置，s 前 2 个字符复制到后二位，依此类推，直到复制完形成回文"nolemonsnomelon"。

4）定义一个返回指针值的函数，功能是将第 1 个数作为十位，第 2 个数作为个位，构成 2 位十进制数 c＝34，返回 c 的地址。返回的地址值赋给指针 p，输出 p 的内容 34。

5）用行指针指向二维数组，*p 指向行数组，如图 8.3.1a 所示，语句 p[j][i]＝0；颠倒 i、j 将矩阵转置，下三角形填充 0。如图 8.3.1b 所示。

	[0]	[1]	[2]			[0]	[1]	[2]	
a[0]	3	2	1	p[0]	a[0]	3	2	1	p[0]
a[1]	4	2	0	p[1]	a[1]	0	2	0	p[1]
a[2]	5	1	2	p[2]	a[2]	0	0	2	p[2]

图 8.3.1a　指向二维数组的行指针　　　　图 8.3.1b　下三角形填充 0

8.4　指 针 实 验

8.4.1　编 程 方 法

定义指针变量并赋值后，指针变量具有二种属性，第一种是地址属性，可以对指针进行加数运算（包括自增++运算），对地址进行减法运算（包括自减运算），通过运算移动指针，可以对指针进行关系运算和逻辑运算。第二种属性是内容属性，对指针指向的内容进行算术运算、关系运算、逻辑运算等操作。

1. 指针变量的基本属性

例 8.4.1 定义变量 a＝4,数组 c[5]＝{1,2,3,4,5},指针 pa＝&a、p＝c,执行 p+＝3;
*p+＝*pa;p－－;*p－＝*pa;pa＝&c[0],*p+＝*pa,a＝p－pa,输出变量 a 和数组 c 的值。

解 先声明变量、数组和指针,并赋初值,再处理数据,编写操作语句,然后输出。编制程序如下,数据分析见右边注释。

```
#include "stdio.h"
main()
{ int a=4,c[5]={1,2,3,4,5},*pa=&a,*p=c,i;
 p+=3;                    //p 指向 c[3];
 *p+=*pa;                 //c[3]=6;
 p--;                     //p 指向 c[2];
 *p-=*pa;                 //c[2]=1;
 pa=&c[0];                //pa 指向 c[0],*pa=1;
 *p+=*pa;                 //c[2]=2;
 a=p-pa;                  //a=2;
 printf("a=%d,\n",a);     //输出 a=2;
 for(i=0;i<5;i++)         //循环输出数组元素;
 printf("%d",c[i]);
 printf("\n");            //换行。
 }
```

2. 指针与数组的表示

指针与数组在表示方法上有很多共同点,一维数组和指针都可以用下标法表示,也可以用指针法表示,如表 8.4.1 所示。编程时,根据自己的编程习惯,从掌握一种表示方法入手,然后通过对应语法成分的替换学会另一种表示方法,这样学习可以起到事半功倍的学习效果。

表 8.4.1　数组和指针元素的表示法

声明	首地址	下标法		指针法	
		元素地址	元素内容	元素地址	元素内容
int a[3]={1,2,3};	数组名 a	&a[i]	a[i]	a+i	*(a+i)
int *p=a;	指针 p	&p[i]	p[i]	p+i	*(p+i)

例 8.4.2 已声明 int a[8]＝{4,1,8,6,3,9,2,7},i,j,t;,用冒泡算法排序。

解 先用下标法编制冒泡算法的程序,然后用指针法替换相应的引用元素。

表 8.4.2　数组的下标法和指针表示法

下标法编程	指针法编程
| ```
#include "stdio.h"
main()
{ int a[8]={4,1,8,6,3,9,2,7},i,j,t;
 for(i=0;i<8;i++)
  { for(j=0;j<8-i;j++)
    if(a[j]>a[j+1])
    {t=a[j];a[j]=a[j+1];a[j+1]=t;}
  }
 for(i=0;i<8;i++)
   printf("%4d",a[i]);
 printf("\n");
}
``` | ```
#include "stdio.h"
main()
{ int a[8]={4,1,8,6,3,9,2,7},i,j,t;
 for(i=0;i<8;i++)
  { for(j=0;j<8;j++)
    if(*(a+j)>*(a+j+1))
    {t=*(a+j);*(a+j)=*(a+j+1);*(a+j+1)=t;}
  }
 for(i=0;i<8;i++)
   printf("%4d",*(a+i));
 printf("\n");
}
``` |

3. 二维数组与指针

　　二维数组与指针的常用表示方法包括下标法、指针法、混合法、行表达式法和元素表达式法 5 种。学习二维数组与指针的表示法时可以先从下标法入手,学会用会下标法后,采用替换的方法,再用其他的表示方法替换,学会其他的表示方法。

　　例 8.4.3　已知数组声明 int x[2][3]={8,6,3,4,2,6},y[2][3]={0,0,0,0,0,0}; 试将二维数组 x 中元素的值为偶数直接传送到二维数组 y 中,将其余元素用 8 减去 x 中元素的值传送到二维数组 y 中,输出数组 y。

　　解　用指针 p 分别指向数组 x 的各个元素,按要求将数值传送到数组 y,编制的源程序如下:(文件名:sy8_18.c)

```
#include "stdio.h"
int main()
{int x[2][3]={5,4,3,7,2,6},y[2][3]={0,0,0,0,0,0};
 int i,j,*p;
 for(i=0;i<2;i++)
 { for(j=0;j<3;j++)
   {p=&x[i][j];
   if(y[i][j]%2==0)y[i][j]=*p;
    else y[i][j]=8-*p;
   printf("y[%d][%d]=%2d",i,j,y[i][j]);
  }
  printf("\n");}
 }
```

　　运行该程序,输出结果为

　　　　y[0][0]=5　y[0][1]=4　y[0][2]=3

　　　　y[1][0]=7　y[1][1]=2　y[1][2]=6

将例 8.4.2 程序中的循环体中的下标表示法替换成表 8.4.3 的语句,查看输出结果。

表 8.4.3　循环体中下标法的替换练习

指针法	混合法	行表达式法	元素表达式法
p=*(x+i)+j;	p=x[i]+j;	p=x[0]+3*i+j;	p=&x[0][0]+3*i+j;
if(*(*(y+i)+j)%2==0)	if(*(y[i]+j)==0)	if(*(x[0]+3*i+j)==0)	if(*(&x[0][0]+3*i+j)==0)
((y+i)+j)=*p;	*(y[i]+j)=*p;	*(x[0]+3*i+j)=*p;	*(&x[0][0]+3*i+j)=*p;
else*(*(y+i)+j)=8-*p;	else(*(y+i))[j]=8-*p;	else*(x[0]+3*i+j)=8-*p;	else*(&x[0][0]+3*i+j)=8-*p;

4. 字符串与字符数组

字符串与字符串数组编程时,只能读取字符串,不能写入字符串之中,需要作写入操作时,用字符数组存储字符串然后进行操作。

例 8.4.4　分别使用字符数组与字符串指针进行字符的写入操作,分析错误的原因。

正确地使用字符数组	错误地使用字符串指针

``c
#include <stdio.h>
void fun(char* s)
{
 int i;
 for(i=0;i<8;i++)
 s[i]+=i;
 s[i]='\0';
}
main()
{char chS[8]="AbcDEFG";
 fun(chS);
 printf("%s\n",chS);
}
``
	``c
	#include <stdio.h>
	void fun(char* s)
	{
	 int i;
	 for(i=0;i<8;i++)
	 s[i]+=i;
	 s[i]='\0';
	}
	main()
	{char* chS="AbcDEFG";
	 fun(chS);
	 printf("%s\n",chS);
	}
	``

运行结果:AceGIKM 正确使用字符数组,能进行写入操作	编译能通过,数据处理错误,不能使用字符串指针进行写入操作

5. 函数指针

指向函数的指针与返回指针值的函数两者完全不同,指向函数的指针是从函数声明中引入指针的概念,对函数不做任何修改,应用只出现在主函数中。返回指针值的函数是在函数定义时用指针定义符 * 号定义函数,调用函数时返回的是地址。

例 8.4.5　已声明 int k,a[3]={1,2,3};,编制一个求三个数组元素之和的程序,以此为基础,用指向函数的指针引用基础函数,再编制一个返回指针值的函数,比较三个程序,理解指向函数的指针与返回指针值的函数两者完全不同。

基础函数源程序	指向函数的指针	返回指针值的函数

```#include "stdio.h"```
```int sun(int x[])```
```{ int i,s=0;```
```   for(i=0;i<3;i++)```
```   s+=x[i];```
```   return s;```
```}```
```main()```
```{```
``` int k,a[3]={1,2,3};```
``` k=sun(a);```
``` printf("k=%d\n",k);```
```}```
	```#include "stdio.h"```
	```int sum(int x[])```
	```{ int i,s=0;```
	``` for(i=0;i<3;i++)```
	``` s+=x[i];```
	``` return s;```
	```}```
	```main()```
	```{```
	``` int k,a[3]={1,2,3};```
	``` int(*p)(int a[3]);```
	``` p=sum;```
	``` k=(*p)(a);```
	``` printf("k=%d\n",k);```
	```}```
		```#include "stdio.h"```
		```int*sun(int x[])```
		```{ int i,s=0;```
		``` for(i=0;i<3;i++)```
		``` s+=x[i];```
		``` return &s;```
		```}```
		```main()```
		```{```
		``` int k,a[3]={1,2,3},*p;```
		``` p=sun(a);```
		``` k=*p;```
		``` printf("k=%d\n",k);```
		```}```

运行结果:k=6	运行结果:k=6	运行结果:k=6

解　根据基础函数不难看出,指向函数的指针是在主函数中声明一个指向函数的指针 int（＊p）(int a[3]);,将函数的地址赋给 p,然后引用函数的内容赋给 k。返回指针值的函数将函数定义为指针类型,返回地址值,在主函数中函数名以地址值赋给指针,指针的内容赋给 k。

8.4.2　实验报告

＿＿＿大学＿＿＿学院实验报告

课程名称:C 语言程序设计　　　　实验内容:指针　　　　指导教师:

学院:　　　　　　　　　　　　专业班级:

姓名:　　　　　　　　　　　　学号:　　　　　　　　成绩:

一、实验目的

(1) 掌握指针的基本概念,学会定义、初始化和灵活使用指针变量。

(2) 掌握指针作为函数的参数。

(3) 掌握指针指向数组与字符指针的使用。

(4) 掌握指针的自增自减、赋值运算、取地址运算等基本运算。

二、预习作业

1. 填空题:(共 2 小题,每题 5 分,共 10 分)

(1) 用混合传送方式将数据传送给函数,求两数据之和,将程序补充完整。

```
#include <stdio.h>
int fun c(int(    ),int b)
{int c;
 c=b+(    );
 return(c);
}
main()
{int x=4,y=1,p;
 p=fun c(&x,y);
 printf("%d\n",p);
}
```

(2) 求数组中最大元素放在 a[0],请将括号填充完整。

```
#include <stdio.h>
fun(            )
{ int i,*q=(    );
  for(i=1;i<8;i++,q++)
  if(*q>p[0])p[0]=*q;
}
main()
{int a[10]={7,2,9,1,5,8,4,3};
 fun(n);
 printf("%d\n",a[0]);
}
```

2. 看程序写结果:(共 4 小题,每题 5 分,共 20 分)

(1) 下面程序的运行结果为:

```
void main()
{ int a=1,b=3,c=5;
int*p1=&a,*p2=&b,*p=&c;
*p=*p1*(*p2);
printf("%d\n",c);
}
```

(2) 下面程序的运行结果为:

```
void f(int a,int*b)
{ int t=0;
if(a%3==0)t=a/3;
else if(a%5==0)t=a/5;
else f(--a,&t);
*b=t;
}
```

```
void main()
{int m=7,n;
f(m,&n);
printf("%d\n",n);
}
```

（3）下面程序的运行结果为：

```
void f(char*c,int d)
{*c=*c+1;d=d+1;
printf("%c,%c",*c,d);
}
void main()
{
char a='A',b='a';
f(&b,a);
printf("%c,%c\n",a,b);
}
```

（4）下面程序的运行结果为：

```
#include <stdio.h>
void main()
{ char*p="ABC";
do
{printf("%d",*p%10);
p++;
}while(*p);
}
```

3. 编程题（共 2 小题，每题 10 分，共 20 分）

（1）计算并输出一个数组中所有元素的和，最大值、最小值、值为奇数的元素个数。

（2）编写程序，完成以下功能：在输入的字符串中查找有无字符's'，若存在输出第一个出现该字符的位置。

三、调试过程

（1）分别调试验证预习作业的正确性。

（2）在调试记录中详细记录调试过程，记录下出现的错误，提示信息，解决错误的方法，目前还没有解决的问题。

（3）记录每个程序的运行结果，思索一下是否有其他的解题方法。

（4）分析编程题的设计思想，分析源文件调试中的错误。

四、分析与总结

（1）分析实验结果，判断结果的合理性及产生的原因。

（2）总结实验所验证的知识点。

（3）写出实验后的学习体会。

第9章 结构体与共用体指导与实训

9.1 教材的预习及学习指导

9.1.1 教材预习指导

用户定义类型包括结构体(struct)、共用体(union)、枚举类型和自定义类型(typedef)等数据类型,这些数据类型是根据用户的特殊要求,由简单的数据类型复合而成,用户定义类型要为类型命名,指定成员类型和名称,然后用这些类型名定义相同类型的变量、数组、指针等变量。

第1节讲了结构体类型,介绍结构体类型定义,结构体变量、数组、指针的声明,结构体变量、数组、指针的初始化,结构体成员的引用等内容,预习的重点是结构体类型的定义,结构体变量、数组、指针的声明和引用。第2节讲了共用体,介绍共用体类型定义与共用体变量的声明,共用体变量的值初始化,共用体变量的引用以及共用体变量的使用方法等内容,预习的重点是共用体类型的定义,共用体变量的引用。第3节用typedef定义类型名,介绍typedef类型定义语句,定义各种类型的别名的方法,预习的重点是用typedef定义类型名。第4节讲了枚举类型,介绍枚举类型的定义,枚举变量的声明,使用枚举变量的方法。

9.1.2 教材学习指导

1. 用户定义类型的基本概念

◎ 结构体类型与共用体类型的声明形式相同,但两者的存储空间和使用方法完全不同,结构体每个成员按其类型分配存储空间,整个结构体占用的存储空间是各成员占用存储空间与填充之和。

◎ 共用体的每个成员变量共同使用同一段存储单元,把不同类型成员的数据存放在内存的同一段存储单元之中,各成员的数据后者覆盖前者,引用的结果是最后保存在共用体变量中的数据。

◎ 结构体类型是由多个不同类型的成员(或称为域)组合而成的数据类型。

◎ 结构体与数组相比较,数组元素的类型必须完全相同,结构体成员的类型可以不同;结构体必须先定义结构体类型,再声明结构体变量;数组直接使用基本类型进行声明。

◎ 结构体类型定义中可以嵌套,即结构体中的成员类型是一个结构体类型。也可以递归定义,即成员的数据类型就是结构体类型。

◎ 定义结构体类型后,用struct+结构体名作为结构体类型名声明结构体变量。

◎ 结构体类型一经定义后,不能改变,只能给结构体变量中的成员赋值,不能对结构体类型赋值。

◎ 结构体变量的初始化是在声明结构体变量的同时,可直接将初值赋给结构体变量中的各个成员,用花括号括起初始值,初始值与成员的顺序和类型相匹配。

◎ 结构体变量和指向结构体变量的指针可参加表达式的运算,可作为函数的参数。

◎ 声明了结构体变量、数组、指针以后,可以对结构体变量整体赋值,可以对单个成员赋值,可以将结构体变量的地址赋给结构体指针变量,可以将结构体成员的地址赋给指针变量。

◎ 结构体数组指每个元素都是结构体的数组。结构体类型定义之后,可以声明结构体变量,声明指向结构体的指针变量,声明结构体数组。

◎ 对结构体数组初始化时,用花括号嵌套花括号的方法,将每个数组元素的数据括起来。外层花括号是结构体数组初始值的定界符,内层花括号依次括起各数组元素成员的数据。

◎ 共用体数据类型是共同使用同一段存储单元的数据类型,是把不同类型成员的数据存放在内存的同一段存储单元中之中的数据类型。

◎ 共用体变量的所有成员都占有同一段存储空间,各成员的数据后者覆盖前者,引用共用体变量时,将存储单元的数据以成员的数据类型读出。

◎ 共用体变量的值初始化是指在定义共用体变量时对第 1 个成员的初始化。

◎ 两个相同类型的共用体变量、数组元素可以直接赋值,相同类型的共用体指针可以指向共用体变量、数组。共用体变量的运算是通过引用共用体成员,参与表达式的运算。

◎ 用 typedef 定义的数据类型别名包括定义基本数据类型的别名、定义数组类型的别名、定义指针类型的别名、定义一个代表结构体类型的类型名、定义一个代表共用体类型的类型名、在 C 语言中定义字符串的类型名等,这些别名起到与指定数据类型相同的作用。

◎ 枚举类型是在枚举元素表中罗列出所有枚举元素的可用值的数据类型。

◎ 枚举类型是用户列举元素的集合,定义枚举类型后,系统为每个枚举元素都对应一个整型序号,默认情况下第一个枚举元素的序号为 0,其后的值依次加 1。

◎ 枚举变量指存放枚举型数据的内存单元,声明枚举变量之前必须定义枚举类型。

2. 用户定义类型的语法格式

(1) 定义声明结构体类型的语法为

```
struct 结构体名
{ 类型名 1  成员名 1;
类型名 2  成员名 2;
    ……
类型名 n  成员名 n;
};
```

（2）声明结构体类型的变量有下面三种方法：

方法 1　先前已定义结构体类型，用结构体类型声明变量名。语法格式为

　　struct 结构体名　变量名表；

方法 2　在定义结构体类型的同时，声明结构体变量。语法格式为

　　struct 结构体名

　　{　　成员表列

　　}变量名表列；

方法 3　采用无名结构体，不写结构体名，直接定义结构体变量。语法格式为

　　struct

　　{　　成员表列

　　}变量名表列；

（3）初始化结构体变量的语法格式为

方式 1　　struct 结构体名　变量名={成员变量值列表}；

方式 2　　struct 结构体名

　　{成员表列

　　}变量名={成员变量值列表}；

方式 3　　struct

　　{　成员表列

　　}变量名={成员变量值列表}；

（4）引用结构体变量中的成员有三种引用方式：

方式 1　　结构体变量名. 成员名　　　　例如：s. Num,s. Name

方式 2　　指针变量名－>成员名　　　　例如：p－>Sex,p－>Age

方式 3　　(* 指针变量名). 成员名　　例如：(* p). Addr,(* p). Loan

（5）定义共用体类型定义的语法格式为：

　　union 共用体名

　　{　　类型名 1　成员名 1；

　　类型名 2　成员名 2；

　　　……

　　类型名 n　成员名 n；

　　}；

（6）声明共用体变量的语法格式分为三种方式。

方式 1　先前已定义共用体类型，用共用体类型声明共用体变量、共用体数组和共用体指针。

　　union 共用体名　变量名表；

方式 2　在定义共用体类型的同时声明共用体变量、共用体数组和共用体指针。例如：

　　union 共用体名

　　{　　成员表列

　　}变量名表列；

方式 3

　　union

　　{　　成员表列

　　}变量名表列;

(7) 共用体变量的值初始化。

第 1 个成员为字符数组 c[4]	第 1 个成员为整型变量
union un { char c[4]; 　 short s[2]; 　 int k; }m={'A','B','a','b'},*p=&m;	union un1 {　 int i; 　　 float f; }　 m={65}; 不允许:union un1 x={65,25.0};

共用体变量的存储

char c[4]	shor s[2]	int k	内存	引用 c	引用 s	引用 k
c[0]	s[0]	k	41	m. c[0]	p->s[0]	m. k
c[1]			42	p->c[1]		
c[2]	s[1]		61	m. c[2]	(*p). s[1]	
c[3]			62	(*p). c[3]		

(8) 引用共用体变量中的成员有三种方式:

方式 1　共用体变量名. 成员名

方式 2　指针变量名->成员名

方式 3　(*指针变量名). 成员名

(9) typedef 语句的语法格式为:

　　typedef 类型名　标识符;

例如:typedef float REAL;

(10) 枚举类型定义格式为:

　　enum 枚举类型名{ 枚举元素 1,枚举元素 2,...,枚举元素 n};

(11) 声明枚举变量的格式:

定义了枚举类型,用枚举类型定义枚举变量。格式为:

　　enum 枚举类型名　枚举变量名 1,枚举变量名 2,...,枚举变量名 n;

9.2　数据类型分析

　　用户定义类型包括结构体(struct)、共用体(union)、枚举类型和自定义类型,结构体是将不同类型的成员组织成一个数据整体,共用体是不同类型的数据共用同一数据单元。自定义类型是用 typedef 定义一种类型名,用这种类型名去定义变量,枚举类型是用户列举的元素的集合作为数据类型。

9.2.1　结构体数据类型

例 9.2.1　结构体程序如下,试分析程序输出结果。

```
#include <stdio.h>
#include <string.h>
struct stud                      //定义结构体类型 stud;
{    int Num;
     char Name[16];
     double Score;
}st={8202,"wangFeng",84.5};       //声明结构体变量并赋初值;
main()
{    int i;
     struct stud s[4]={{8201,"zhanghua",90.0}},*p=s;   //声明结构体数组与指针;
     s[1]=st;                      //将结构变量 st 的值赋给数组 s 的第 2 个元素;
     s[2].Num=p->Num+2;            //引用数组元素 s[2]和 s[0]的成员 Num;
     strcpy(s[2].Name,"Fangqian"); //引用数组元素 s[2]的成员 Name;
     s[2].Score=(*p).Score+2;      //引用数组元素 s[2]和 s[0]的成员 Score;
     for(i=0,p=s;i<3;i++,p++)       //循环输出结构数组的值。
     printf("%d%s%f\n",s[i].Num,p->Name,(*p).Score);
}
```

解　程序先声明结构体类型,包括整型、字符型和双精度型三个成员,并声明结构体变量,声明结构体数组和结构体指针,指针指向数组。执行语句 s[1]＝st;,将结构变量 st 的值赋给数组的第 2 个元素 s[1]。下面 3 条语句是成员变量引用,将 s[0].Num＋2 的值赋给数组的第 3 个元素 s[2].Num,将字符串"Fangqian",复制到 s[2].Name,将 s[0].Score＋2 的值赋给数组的第 3 个元素 s[2].Score,最后用循环输出结构体数组元素中各成员变量的值。运行程序输出结果为

```
8201 zhanghua 90.000000
8202 wangFeng 84.500000
8203 Fangqian 92.000000
```

9.2.2　共用体数据类型

要查看浮点型数据的存储码,需要借用共用体类型,将浮点型变量与整型共用同一存储单元,存入浮点型数据,用整型十六进制查看存储码。

例 9.2.2　分别查看单精度型数据 1 的存储码。

解　用共用体类型变量 a 的单精度型变量成员和整型成员共用同一存储单元,查看单精度型数据 1 的存储码,编制程序如下:

```
#include <stdio.h>
main()
{
    union{ int k;
           float f;
    }a={0};
    a.f=1;
    printf("%x",a.k);
    printf("\n");
}
```

运行该程序,输出结果为:3f800000。即单精度数 1 的存储码为 3f800000。根据单精度存储格式,$1.0=(1.0)_2=(1.0*2^0)_2$。

其中,符号位 s 为 0,阶码 e8 为 0,前导码 1 隐含,尾数 M23＝000 0000 0000 0000 0000 0000,移阶码为:$E=e8+127=0+127=127$ 或 $E=(0+7F)_{16}=(7F)_{16}=(10000000)_2$。

所以,单精度数 1 的存储码 sf 为

sf＝(0011 1111 1000 0000 0000 0000 0000 0000)$_2$＝(3f80 0000)$_{16}$

9.2.3　自定义类型

例 9.2.3　用自定义类型的方法定义一个字符型数组类型,如 typedef int ARR[6];,用此类型定义数组,如 ARR a,b;;试编程将数组 a 中重复相连的字符去掉,存入数组 b 中。

解　用 typedef int ARR[6];定义数组类型的新别名,用 ARR a＝{"Hello"},b;声明数组 a、b,并为数组 a 赋初值,当数组元素与下一个元素相同时,什么也不做,否则把元素赋给 b,注意最后要把'\0'赋给数组 b。输出数组 b。源程序如下:

```
#include <stdio.h>
main()
{   int i,j=0;
    typedef char ARR[6];
    ARR a={"Hello"},b;
    for(i=0;i<6;i++)
    if(a[i]==a[i+1])continue;
    else b[j++]=a[i];
    b[j]='\0';
    printf("%s",b);
    printf("\n");
}
```

9.2.4　枚举类型

例 9.2.4　下面程序定义枚举类型,并声明枚举变量 se1,se2;,分析枚举变量值的运算,分析程序输出结果。

```
#include <stdio.h>
#include <stdlib.h>
main()
{
enum season
{  spring,summer,autumn,winter};
enum season se1,se2;
se1=spring+summer+autumn+winter;
se2=autumn;
printf("%d,%d,%d",se1,se2,summer);
printf("\n");}
```

解 定义枚举类型 enum season,枚举元素 spring,summer,autumn,winter 由系统定义了一个表示序号的数值,从 0 开始顺序定义为 0,1,2,3。数值可以参加赋值和运算,se1=0+1+2+3=6,se2 的值为 2,summer 的值是 1。运行程序输出结果为

6,2,1

9.2.5 链表

例 9.2.5 下面链表计算数据域值的程序,试分析链表的形成和计算结果。

```
#include <stdio.h>
#include <malloc.h>
struct NODE
{int num;struct NODE* next;};
main()
{    int k;
struct NODE*p,*q,*r;
p=(struct NODE*)malloc(sizeof(struct NODE));
q=(struct NODE*)malloc(sizeof(struct NODE));
r=(struct NODE*)malloc(sizeof(struct NODE));
p->num=6;
q->num=12;
r->num=4;
p->next=q;q->next=r;
k=p->num+=q->next->num;
printf("%d\n",k);
}
```

解 程序定义结构体类型作为链表节点的类型:声明 3 个结构体指针 p,q,r,分别为 p,q,r 动态分配存储单元,分别将数值 6,12,4 赋给 p,q,r 的数据域,把 q 的地址赋给 p 的指针域 next,p 的 next 指向 q,把 r 的地址赋给 q 的指针域 next,q 的 next 指向 r,形成链

表,p—>num+r—>num=6+4=10,输出计算结果 10。

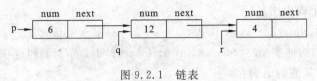

图 9.2.1　链表

9.3　习题与解答

9.3.1　练习题

1. 判断题(共 10 小题,每题 2 分,共 20 分)

(1) 结构体每个成员按其类型分配存储空间,整个结构体占用的存储空间是各成员占用存储空间与填充之和。　　　　　　　　　　　　　　　　　　　　　　　　(　　)

(2) 共用体的每个成员变量共同使用同一段存储单元,把不同类型成员的数据存放在内存的同一段存储单元之中,各成员的数据后者覆盖前者。　　　　　　　　　(　　)

(3) 可以嵌套定义结构体类型,不能递归定义结构体类型。　　　　　　(　　)

(4) 结构体类型定义后,可以给结构体类型赋值,也可以给结构体变量中的成员赋值。　　　　　　　　　　　　　　　　　　　　　　　　　　　　　　　　　(　　)

(5) 结构体变量的初始化是在声明结构体变量的同时,直接将初值赋给结构体变量中的各个成员,用花括号括起初值,初始值与成员的顺序和类型相匹配。　　(　　)

(6) 两个类型相同的共用体变量、数组元素可以直接赋值。　　　　　　(　　)

(7) 声明了结构体变量后,可以对单个成员赋值,不能对结构体变量整体赋值。(　　)

(8) 结构体变量的值初始化是指在定义结构体变量时对第 1 个成员的初始化。(　　)

(9) 共用体变量的值初始化是指在定义共用体变量时对第 1 个成员的初始化。(　　)

(10) 用 typedef 可以定义数据类型的别名,也可以定义该数据类型的变量。(　　)

2. 单选题(共 10 小题,每题 2 分,共 20 分)

(1) 下列选项中,不属于用户定义类型的选项是(　　)。
　　　　A. long int　　　　　　B. struct　　　　　　C. union　　　　　　D. typedef

(2) 已定义结构体类型 struct stud{int a;float b;};,声明变量 s,并为 s 赋初值,正确的选项是(　　)。
　　　　A. struct stud s=(4012,"ABCD");　　　　B. struct stud s={4012,"ABCD"};
　　　　C. stud s=(4012,"ABCD");　　　　　　　D. studs={4012,"ABCD"};

(3) 已定义结构体类型 stud,声明变量 a 和指针 pa,指针 pa 指向 a,下列选项中正确的声明语句是(　　)。
　　　　A. struct stud a,* pa= * a;　　　　　　B. stud a,* pa=&a;
　　　　C. struct stud a,* pa=&a;　　　　　　D. stud a,* pa=a;

（4）已定义结构体类型"struct sk｛int a；float b；｝data，* p；"，若有 p＝&data；，则对 data 中的 a 域的正确引用是（　　　）。

　　　　A.（* p）. data. a　　　　B. p. data. a　　　　C. p－＞data. a　　　D.（* p）. a

（5）已定义结构体类型"struct sk｛int a；float b；｝d［2］；"，下列选项中为数组 d 元素的成员赋值，正确赋值的语句是（　　　）。

　　　　A. scanf（"%d，%f"，&d［0］. a，&d［1］. a）；B. scanf（"%d，%f"，d［0］，d［1］）；

　　　　C. scanf（"%d，%f"，d）；　　　　　　　D. d［2］＝｛｛2，1.0｝，｛4，3.0｝｝；

（6）已定义结构体类型"struct sk｛int a；float b；｝a，* p；"，下列选项中为结构体指针 p 赋值，使 p 指向 a，正确赋值的语句是（　　　）。

　　　　A. p＝a；　　　　　　　B. p＝&a；　　　　　　C. p＝* a；　　　　　　D. * p＝* a；

（7）已定义结构体类型"struct sk｛int a；float b；｝d［2］，* p；"，下列选项中为结构体指针 p 赋值，使 p 指向数组 d，正确赋值的语句是（　　　）。

　　　　A. p＝* d；　　　　　　B. p＝&d；　　　　　　C. p＝d；　　　　　　D. * p＝d；

（8）已定义共用体类型"union un｛int a；float b；｝；"，下列选项中初始化共用体，正确的声明语句是（　　　）。

　　　　A. union un u1＝｛｛2，1.0｝，｛4，3.0｝｝，* p；

　　　　B. un u1＝｛｛2，1.0｝，｛4，3.0｝｝，* p；

　　　　C. un u1＝｛2，1.0｝，* p；

　　　　D. union un u1＝｛2，1.0｝，* p；

（9）已定义 typedef float REAL；，用定义的类型声明变量，正确的选项是（　　　）。

　　　　A. REAL a，b；　　　　　　　　　　　B. float REAL a，b；

　　　　C. struct REAL a，b；　　　　　　　　D. union EAL a，b；

（10）以下对枚举类型名的定义中正确的是（　　　）。

　　　　A. enum a＝｛one，two，three｝；　　　　B. enum a｛one＝9，two＝－1，three｝；

　　　　C. enum a＝｛"one"，"two"，"three"｝；　　D. enum a｛"one"，"two"，"three"｝；

3. 填空题（共 10 小题，每题 2 分，共 20 分）

（1）C 语言的构造类型中，（　　　　　　　）的类型必须完全相同，（　　　　　　　　）的类型可以不同。

（2）定义结构体类型后，用（　　　　　　　　　）＋（　　　　　　　　　）作为结构体类型名声明结构体变量。

（3）结构体变量的初始化包括（　　　　　　　　　　　　）结构体变量，并给结构体变量（　　　　　　　　　　　）。

（4）结构体变量和指向结构体变量的指针可参加（　　　　　　　　　　）的运算，可作为（　　　　　　　　）的参数。

（5）声明了结构体数组和指针以后，可以将结构体变量的地址赋给结构体（　　　　　　　），可以将结构体成员的（　　　　　　）赋给指针变量。

（6）结构体数组指每个元素都是（　　　　　　　　　　　）的数组。成员数组指结构体中的(　　　　　　　　　)是数组。

(7) 结构体数组初始化时,用花括号嵌套花括号的方法赋值,外层花括号是结构体数组初始值的(　　　　　　　　),内层花括号依次括起各数组元素(　　　　　　　　　)的数据。

(8) 共用体变量的所有成员都占有同一段存储空间,各成员的数据(　　　　)覆盖(　　　　)。

(9) 用 typedef 定义的(　　　　　　　　　)别名,这些别名起到与指定数据类型有(　　　　　　)作用。

(10) 枚举类型是(　　　　　　)元素的集合,定义枚举类型后,系统为每个枚举元素都对应一个整型序号,默认情况下第一个枚举元素的序号为(　　　　),其后的值依次加 1。

4. 简答题(共 5 小题,每题 4 分,共 20 分)

(1) 什么是结构体类型? 什么是结构体变量?

(2) 如何初始化结构体变量? 试写出初始化结构体变量的语法格式。

(3) C 语言提供了哪几种用于引用结构体成员的运算符?

(4) 什么是共用体类型? 已定义共用体类型,如何声明共用体变量?

(5) 写出定义指针类型 double * 的别名 POINTER 的步骤。

5. 分析题(共 5 小题,每题 4 分,共 20 分)

1) 分析结构体变量

例 9.3.1　阅读下列程序,分析程序运行结果。

```
#include <stdio.h>
struct stud
{    char Num[10];
     char Name[16];
     double Score;
};
struct stud s1={"20081801","wangFeng",84.5},s2;
main()
{    s2=s1;
     printf("%s\n%s\n%f\n",s2.Num,s2.Name,s2.Score);
}
```

解

2) 分析结构变量、数组和指针的引用

例 9.3.2　具有结构变量、数组和指针的程序如下所示,试分析程序输出结果。

```c
#include <stdio.h>
struct shoping
{     int Item;
      char CargoName[16];
      double price;
}s={2301,"Refrigerator",2000.0};
main()
{ int i;
 struct shoping g[3]={{2201,"Television",5000.0},{2102,"computer",4000.0}},*p=&s;
 g[2]=*p;                      //将变量 s 的值赋给数组第 3 个元素 g[2]
 p=g;                          //指针指向结构体数组的第 1 个元素
 (*p).price-=800;              //将结构体第 1 个元素减去 800;
 for(i=0;i<3;i++,p++)          //循环计算并输出 3 个元素;
{    g[i].price+=200;          //将 3 个元素的价格加 200;
     printf("%d,%s,%f\n",g[i].Item,(*p).CargoName,p->price);//输出 3 个元素。
     }
}
```
解

3）分析共用体变量

例 9.3.3　下面程序中包括共用体变量,试分析成员变量的相互关系。

```c
#include <stdio.h>
main()
{  int i;
   union{char c[4];
         int k;
} a;
   a.k=0x66656463;
   for(i=0;i<4;i++)
   printf("%c",a.c[i]);
   printf("\n");
}
```
解

4）分析共用体变量的引用

例 9.3.4　下面含有共用体引用的程序,分析程序输出的结果。

```c
#include <stdio.h>
union ric                     //定义共用体类型名
```

```
{ char c[4];                        //定义字符型数组成员
  int k;                            //定义整型成员
    } a={'D','C'};                  //声明结构体变量并初始化共用体
main()
{   int i;
    union ric b[2],*p=&a;           //声明结构体数组与指针,并指向结构体变量 a;
    b[0]=*p;                        //将变量 a 的数据赋给结构体数组的第 1 个元素;
    (*p).k-=514;                    //将结构体变量 a 的内容减去 0x202;
    b[1]=*p;                        //将变量 a 的数据赋给结构体数组的第 2 个元素;
  for(i=0;i<2;i++)                  //循环输出数据;
  printf("%c,%c",b[i].c[0],b[i].c[1]);
  printf("\n");
  printf("%x\n",p->k);             //输出 a.k=0x4142。
}
```

解

5）定义一个字符串类型

例 9.3.5 在 C 语言中定义一个字符串的类型名

解

9.3.2 习题答案

1. 判断题

(1) T　(2) T　(3) F　(4) F　(5) T　(6) T　(7) F　(8) F　(9) T　(10) F

2. 单选题

(1) A　(2) B　(3) C　(4) D　(5) A　(6) B　(7) C　(8) D　(9) A　(10) B

3. 填空题

(1) 数组元素、结构体成员　　　　(2) struct、结构体名
(3) 声明、赋初值　　　　　　　　(4) 表达式、函数
(5) 指针变量、地址　　　　　　　(6) 结构体、成员
(7) 定界符、成员　　　　　　　　(8) 后者、前者
(9) 数据类型、相同的　　　　　　(10) 用户列举、0

4. 简答题

(1) 结构体类型是由多个不同类型的成员组合而成的数据类型,结构体变量是按照

结构体类型组织数据的存储单元,结构体变量中每个成员按其类型分配存储空间,整个结构体占用的存储空间是各成员占用存储空间与填充之和。

(2)在声明结构体变量时,用花括号括起成员变量值列表,按照成员变量的类型标准成员变量的值。初始化结构体变量的语法格式为:

　　　　struct　结构体名　变量名={成员变量值列表};

例如:struct Student stu1={20081810,"WangYin",'F',18,"Nanjing",10000.00};

(3)C语言提供了2种用于引用结构体成员的运算符,一种是成员运算符,用圆点"."表示,另一种是指向成员运算符,用箭头"->"表示,箭头是由减号"-"和大于号">"构成。有3种引用结构体变量中成员的引用方式:

方式1　结构体变量名.成员名　　　　例如:s.Num,s.Name

方式2　指针变量名->成员名　　　　例如:p->Sex,p->Age

方式3　(*指针变量名).成员名　　　例如:(*p).Addr,(*p).Loan

(4)共用体数据类型是共同使用同一段存储单元的数据类型,把不同类型成员的数据存放在内存的同一段存储单元之中,各成员的数据后者覆盖前者。已定义共用体类型,声明共用体变量的格式为:

　　　　union　共用体名　变量名表;

(5)第1步先按声明指针的方式写出指针声明;例如:double * p;

第2步将变量名换成新类型名;例如:double * POINTER;

第3步在最前面加上 typedef 构成定义指针类型的新别名;例如:typedef double * POINTER;

第4步,用新类型名去定义变量。例如:POINTER p1,p2。

5. 分析题

1)程序定义了结构体类型,声明结构体变量 s1,s2 的同时为 s1 赋了初值{"20081801","wangFeng",84.5},将 s1 数据整体赋给 s2,输出 s2 的内容。运行程序输出结果为:

```
20081201
wangFeng
84.500000
```

2)程序在定义结构体类型时声明结构体变量 s,并为它赋初值,在主函数中定义结构体数组时为前两个结构体数组元素赋初值,声明指针变量 p,初始化时指向结构体变量 s。其他语句操作,见语句后面的注释。运行该程序输出结果为:

```
2201,Television,4400.000000
2102,computer,4200.000000
2301,Refrigerator,2200.000000
```

3)共用体变量 a 的成员数组 c[4],占4字节,整型成员变量 k 也占4字节,存储到共用体的成员变量 k 的值 0x66656463,对应 c[3]=66H,c[2]=65H,c[1]=64H,c[0]=63H,输出字符为'f','e','d','c'。

4)定义具有两个成员变量的共用体,字符型数组成员 c[4],整型成员 k,定义共用体类型变量 a={'D','C'},结构体数组 b[2]与结构体指针 p=&a。先将变量 a 的数据赋给结构

体数组的第 1 个元素 b[0],再将结构体变量 a 的内容减去 0x202,结果为 a={'B','A'},将
变量 a 的数据赋给结构体数组的第 2 个元素 b[1]。分别输出结构体数组元素 b[0].c[0]=
'D',b[0].c[1]='C',b[1].c[0]='B',b[1].c[1]='A',输出 p->k 的值 0x4142。程序中引
用共用体的成员(*p).k 和 p->k 与 a.k 的引用完全造价。

5) 在 C 语言中定义一个字符串的类型名

步骤 1　先定义一个字符型指针变量:char *s;

步骤 2　将变量名换成新类型名:char *STRING;

步骤 3　在最前面加上 typedef;typedef char *STRING;

步骤 4　用新类型名定义变量与数组:STRING str,s[6];

9.4　结构体与共用体实验

9.4.1　实验要求

(1) 预习实验指导书第 9 章内容,理解程序功能。

(2) 要求调试数据类型分析中的 4 道程序题,验证输出结果是正确性。

(3) 做实验报告的预习作业,上机调试并验证程序的正确性。

(4) 认真做好上机调试记录,记录程序编译中的错误。

(5) 记录修改程序错误时使用的方法,程序运行的结果,分析结果的正确性。

(6) 使用另外的方法编写程序,看是否能简化程序,获得正确的结果。

(7) 认真归纳本章的知识点,使用的编程方法。

(8) 做一套等级考试试题,分析该试题中出现的考点,编程方法,比较该考点的命题
方式,可能会有怎样的变化。

9.4.2　实验报告

_____大学_____学院实验报告

课程名称:C 语言程序设计　　　实验内容:指针　　　指导教师:

学院:　　　　　　　　　　专业班级:

姓名:　　　　　　　　　　学号:　　　　　　成绩:

一、实验目的

(1) 掌握结构体类型的定义,结构体变量和结构体数组的定义、初始化方法。

(2) 掌握结构体指针定义、初始化方法。

(3) 掌握成员运算符"."和指向运算符"->"的使用方法,掌握结构体的引用方法。

(4) 掌握共用体类型的定义,共用体变量的定义、初始化和引用方法。

（5）掌握 typedef 定义类型名的方法，掌握枚举型变量的使用方法。

二、预习作业

1. 程序填空题：试在括号中填入正确的答案，并上机验证程序的正确性

（1）定义链表的节点类型，其中数据域 data 为字符型，指针域 next 为节点指针。

```
struct node
{ char data;
  struct node(        )
    }n1,n2;
main()
{
}
```

（2）根据已定义的结构体类型，定义结构体变量 stu、数组 st[4]和指针 * s。

```
#include <stdio.h>
struct StuLoan
{      int Num;
       char Name[16];
       char Sex;
       int Age;
       char Addr[20];
       float Loan;
}s={20081812,"LinFeng",'M',18,"Wuhan",8000.00};
(                              )stu,st[4],*p=&s;
main()
{printf("%s,%c,%d",s.Name,(*p).Sex,p->Age);
 }
```

2. 程序改错并上机调试运行

（1）程序的结构类型定义如下所示，请改正程序中的错误。

```
typedef struct students
{ char name[16];
  char sex;
  int age;
  char addr[20];
    } STUD;
/*********found*********/
STUD={"WangYin",'F',18,"Nanjing"},st[4],*s=stu;        //
main()
{
 printf("%s,%c,%s",stu.name,*s .sex,s->addr);        //
 }
```

（2）请改正程序中结构体引用的错误。

```
struct NODE
{ int data;
  struct NODE *link;
    };
main()
{ struct NODE m[5],*p=m,*q=m+4;
 int i=0;
 while(p!=q)
/**********found**********/
{q->k=++i;p++;
q.k=i++;q--;}
(*q).k=i;
for(i=0;i<5;i++)printf("%d",m[i].k);
printf("\n");
 }
```

3. 读程序写结果并上机验证其正确性

(1) 读程序,写出程序的输出结果(　　　)。

```
#include <stdio.h>
main()
{  union{char c[2];
         int a;
         long b;
         struct NODE
{ int data;struct NODE *next;} n;
} m;
  printf("%d,%d\n",sizeof(m),strlen(n));
  }
```

(2) 共用体定义如下,试写出程序的输出结果(　　　)。

```
main()
{  union{ char i[4];
         int k;
}a;
  a.i[0]='A';a.i[1]='B';
  printf("%d\n",a.k);
  }
```

4. 编程题

(1) 用枚类型定义春、夏、秋、冬 4 个季节,当输入某个月份,输出该月份对应的季节。

(2) 试用结构体类型定义学生信息,学生(学号,姓名,年龄,入学成绩),初始化时输入五条记录,试输出最高成绩的学生信息。

(3) 试用共用体编程,查看浮点数 1.5 的存储码。

三、调试过程

（1）分别调试验证预习作业的正确性。

（2）在调试记录中详细记录调试过程，记录下出现的错误，提示信息，解决错误的方法，目前还没有解决的问题。

（3）记录每个程序的运行结果，思索一下是否有其他的解题方法。

（4）分析编程题的设计思想，分析源文件调试中的错误。

四、分析与总结

（1）分析实验结果，判断结果的合理性及产生的原因。

（2）总结实验所验证的知识点。

（3）写出实验后的学习体会。

第10章　文件指导与实训

10.1　教材的预习及学习指导

10.1.1　教材预习指导

数据文件分为文本文件和二进制文件两类,文本(ASCII)文件易于辨认,容易编辑与修改。可以在命令行方式下用 type 命令显示文本内容,方便程序员阅读。二进制文件是内存映像文件,与应用程序交换数据简单、方便,但阅读起来比较困难,需要坚实的基础和一定的耐心才能阅读数据内容。

文件操作先要打开文件,要指明是为读还是为写打开文件,打开的是文本文件还是二进制文件,建立文件指针变量与文件之间的关联。执行读写操作后,关闭文件。

本章第1节讲文件的基本概念,介绍程序文件、设备文件、数据文件的基本概念,文本文件和二进制文件的编码方法,文件缓冲区和文件指针的定义。预习的重点文件和二进制文件的编码方法。第2章讲文件操作,文件操作一般有三个步骤:首先打开外存文件,为打开的文件指定指针变量;其次,文件的读写操作,使用文件输入输出函数读、写文件中的数据,使用和处理这些数据;最后,操作完毕后关闭文件。这三个步骤是编程时必须要遵循的规则。第3章讲文件的定位,介绍文件定位函数与随机读写,分别介绍 rewind 函数、ftell 函数、fseek() 函数的使用方法,学习的重点是 fseek() 函数的使用方法。

10.1.2　教材学习指导

1. 文件的基本概念

◎ 文件是管理计算机硬件和软件资源,实现设备和数据管理而定义的软件单位。

◎ 管理计算机键盘、显示器、打印机、磁盘驱动器等逻辑设备的文件称为设备文件。

◎ 外存文件指驻留在外部介质上的数据的集合,外存文件包括程序文件和数据文件两类。程序文件是用计算机语言编写的命令序列的集合。

◎ 数据文件是按某个规则组织的数据的集合,数据文件按数据的编码方式不同分类,可分为 ASCII 码文件和二进制码文件两种。

◎ 文本文件中的每个字符都以 ASCII 码(包括扩展的 ASCII 码)方式存储。储数据时,文字、整数、实数、分割符都翻译成对应的 ASCII 码,依次存储。

◎ 二进制文件是内存数据的映像,又称为字节文件。二进制文件按二进制编码方式存储数据,数据之间没有分割符,由指定的数据类型识别数据。计算机读取二进制编码数据后,不需用转换就可直接参加表达式运算及数据处理。

◎ 显示器的输出定义为标准输出文件,用标准输出指针 stdou 表示,键盘的输入定义为标准输入文件。用标准输入指针 stdin 表示。在显示器上显示的出错信息定义为标准出错文件用标准出错指针 stderr 表示。

◎ 系统为每个正在使用的文件开辟一个内存缓冲区域称为文件缓冲区。读数据之前,先把数据从外存成批地读到文件缓冲区中;使用数据时,直接从文件缓冲区中寻找数据,写数据时,将数据写到文件缓冲区,再由文件缓冲区和外存进行数据交换。

◎ C 语言通过文件指针管理文件,定义文件指针的数据类型是结构体类型,用户声明的文件指针是一个结构体指针变量。

◎ 文件操作首先打开外存文件,为打开的文件指定指针变量;其次,文件的读写操作,使用文件输入输出函数读、与文件中的数据,使用和处理这些数据;最后,操作完毕后关闭文件。

◎ 打开文件包括定义文件指针变量,建立文件指针变量与文件之间的关联,指定文件的工作模式与文件类型。

◎ 文件操作用到两类指针,一种是文件指针,另一种文件流内部的位置指针。文件流内部的位置指针由系统自动设置,用来指示文件流内部当前读写的位置。

◎ 文件尾检测函数 feof( )用于检测文件位置指针是否已到文件尾,到文件尾返回真,否则返回 0,可作为循环条件。

◎ 关闭文件函数 fclose( )的功能是关闭由 fopen( )函数打开的文件,释放文件缓冲区。

◎ fgetc( )函数是从指定文件的当前位置指针处读一个字符,函数返回一个整型值,当把该值赋给字符变量,则转换成相应的字符。

◎ fputc( )函数是向指定文件的当前位置指针处写一个字符。

◎ fgets( )函数的功能是从打开的文件中的当前位置指针处读出一个指定长度的字符串到字符数组中。字符串的长度为 n,n 是一个正整数,表示从文件中读出的字符串不超过 n−1 个字符。fgets( )函数会在读入的最后一个字符后加上串结束标志'\0'.

◎ fputs( )函数的功能是向指定文件的当前位置指针处写入一个字符串,字符串可以是字符串常量、字符数组名或字符指针变量。

◎ fwrite( )函数的功能是向文件中写指定的数据块,用于向二进制模式打开文件的文件中写入一组数据。

◎ rewind 函数用于把文件位置指针移到文件的开始处,重新读写文件。

◎ ftell 函数用于获得文件的读写指针位置,用相对于文件头的位移量来表示。

◎ fseek( )函数主要用于二进制文件的随机读写的定位,对于文本文件要进行字符转换,定位不准确。fseek( )函数用于移动文件的读写指针位置。

2. 语法格式

1) FILE 文件类型

```
typedef struct
{    short level;                /*缓冲区"满/空"标志*/
```

```
    unsigned flags;                /*文件状态标志*/
    char fd;                       /*文件描述符*/
    unsigned char hold;            /*没有释放缓冲区字符返回函数回放的字符*/
    short bsize;                   /*缓冲区大小*/
    unsigned char*buffer;          /*缓冲区位置*/
    unsigned char* curp;           /*当前活动指针位置*/
    unsigned istemp;               /*暂存文件标志*/
    short token;                   /*有效性检查*/
}     FILE;
```

2）声明文件指针变量的语法格式

　　FILE *指针变量;

例如：FILE * fpoint;

3）打开文件函数

函数原型：FILE* fopen(char* filename,char* mode)

函数调用：文件指针名=fopen("带路径的文件名","模式");

返回值：返回一个 FILE 结构体指针。

例如：fp=fopen("D:\\VC\\fex1.dat","wb");

4）文件尾检测函数

函数原型：int feof(FILE* fp);

函数调用：feof(fp)

返回值：当文件位置指针到文件尾返回真，否则返回 0。

例如：if(feof(fp))printf("已到文件尾");

5）关闭文件函数

函数原型：int fclose(FILE * fp);

函数调用：fclose(文件指针)

返回值：如果成功，返回 0 值，失败返回 EOF。

例如：fclose(fp);

6）fgetc( )函数

函数原形：int fgetc(FILE* fp);

函数调用：字符变量=fgetc(文件指针);

返回值：操作成功返回读取文件的字符，失败返回 EOF。返回值的类型为整型。

例如：ch=fgetc(fp);

7）fputc( )函数

函数原型：int fputc(int c,FILE* fp);

函数调用：fputc(表达式,文件指针);

返回值：写入成功则返回写入的字符，写入失败返回 EOF。返回值的类型为整型。

例如：fputc('A'+32,fp);

8）fgets( )函数

函数原形：char* fgets(char* s,int n,FILE* fp);

函数调用:fgets(字符串,表达式,文件指针);

返回值:当读取字符串成功,返回字符串的首地址。若不成功,则返回 NULL 值或错误号。返回值的类型为字符型。

例如:fgets(str,20,fp);

9) fputs( )函数

函数原型:int fputs(const char* s,FILE* fp);

函数调用:fputs(字符串,文件指针);

返回值:返回值为整型,若成功,则返回最后一个写入的字符\0,即返回数值 0,否则,返回非零值。

例如:fputs("abcd1034",fp)

10) fscanf( )函数

函数原形:int fscanf(FILE* fp,const char* format,输入地址表列...);

函数调用:fscanf(fp,格式控制字符串,输入地址表...);

例如:fscanf(fp,"%d %d",&iA,&iB);

　　　　fscanf(stdin,"%d %d",&iA,&iB);等价于 scanf("%d %d",&iA,&iB);

返回值:输入的数据与格式控制符相同返回 1,不同返回 0。上例中当输入整型数据,返回值为 1,否则返回值为 0。

11) fprintf( )函数

函数原形:int fprintf(FILE* fp,const char* format,输出表列...);

函数调用:fprintf(fp,格式控制字符串,输出表列);

应用举例:

　　fprintf(fp,"iK=%d chS=%s",iK,"Hello!");

　　fprintf(stdout,"iA=%d,iB=%d",iA,iB);等价于 printf("iA=%d,iB=%d",iA,iB);

返回值:函数返回值为整型,若输出成功则返回输出的字符数,否则返回负值。

12) fread( )函数

函数原形:size_t fread(char*ptr,size_t size,size_t n,FILE* fp);

函数调用:fread(buffer,size,count,fp);

返回值:fread()返回实际读取到的块数 n,如果实际读到的值 n 小于 count,则表示可能读到了文件尾或有错误发生,此时必须用 feof()或 ferror()来决定发生的情况。

例如:fread(stu,sizeof(struct student),n,fp);

13) fwrite( )函数

函数原型:size_t fwrite(char*ptr,size_t size,size_t n,FILE* fp);

函数调用:fwire(buffer,size,count,fp);

返回值:如果成功,返回实际写入的块数 n(不是字节数),如果实际写入的值 n 小于 count,则表示有错误发生。

例如:fwire(&iX,8,4,fp)

14) rewind 函数

函数原型:void rewind(FILE* fp);

函数调用:rewind(fp);即 rewind(文件指针);

返回值:返回值为空。

例如:FILE* fp;

　　　rewind(fp);

15) ftell 函数

函数原型:long ftell(FILE * fp);

函数调用:ftell(fp);

返回值:若函数操作成功,返回一个长整数;若出错,则返回-1L。

例如:i=ftell(fp);

　　　if(i= =-1)printf("\n 当前指针出错");

16) fseek( )函数

函数原型:int fseek(FILE* fp,long offset,int whence);

表 10.1.1　whence 取值

起始点	表示符号	数字表示	功　　能
文件首	SEEK_SET	0	从文件开始 offset 位移量为新的读写位置
当前位置	SEEK_CUR	1	以当前的读写位置往后增加 offset 个位移量
文件末尾	SEEK_END	2	读写位置指向文件尾后再增加 offset 个位移量

10.2　习题与解答

10.2.1　练习题

1. 判断题(共 10 小题,每题 2 分,共 20 分)

(1) C 语言将设备作为文件进行管理,称之为设备文件。　　　　　　　　　　(　　)

(2) 磁盘文件、光盘文件和 U 盘文件属于外部文件。　　　　　　　　　　　(　　)

(3) 文本文件属于内存映像文件,能存储 ASCII 码和扩展的 ASCII 码。　　　(　　)

(4) 二进制文件容易识别和容易理解,计算机双易于读取和使用。　　　　　(　　)

(5) 设备文件也有文件指针,标准输出设备的文件指针是 stdou。　　　　　(　　)

(6) 文件指针的数据类型是结构体类型,是在结构体类型下声明的指针。　　(　　)

(7) fgetc( )函数是从指定文件的当前位置指针处读一个指定长度的字符串。

　　　　　　　　　　　　　　　　　　　　　　　　　　　　　　　　　(　　)

(8) fputc( )函数是向指定文件的当前位置指针处写一个指定长度的字符串。

　　　　　　　　　　　　　　　　　　　　　　　　　　　　　　　　　(　　)

(9) 关闭文件函数 fclose( )的功能是关闭由 fopen()函数打开的文件,释放文件缓冲区,保证数据的安全性。　　　　　　　　　　　　　　　　　　　　　　　(　　)

(10) fseek( )函数用于文本文件的随机读写的定位,对于二进制文件定位不准确。

　　　　　　　　　　　　　　　　　　　　　　　　　　　　　　　　　(　　)

2. 单选题（共 10 小题，每题 2 分，共 20 分）

（1）下面选项中，属于打印机的标准设备文件是（　　　）。

    A. LPT1　　　　　　　B. CON　　　　　　　C. AUX　　　　　　　D. U：

（2）检测文件当前位置指针是否已到文件尾，到文件尾返回真，否则返回 0，这种函数称为文件尾检测函数，下列选项中文件尾检测函数的函数名为（　　　）。

    A. rear( )　　　　　　B. feof( )　　　　　　C. tail( )　　　　　　D. end

（3）下面选项中，正确声明文件指针变量的语法格式为（　　　）。

    A. FILE fp　　　　　　B. * FILE fp　　　　　C. FILE * fp　　　　　D. * FILE * fp

（4）用 fin＝fopen("f1. txt","r")；打开的文件，关闭该文件时正确的语句是（　　　）。

    A. fclose(fp)；　　　　B. fclose(* fin)；　　C. fin＝fclose( )；　　D. fclose(fin)；

（5）读取字符串的函数名为（　　　），当读取字符串成功，返回字符串的首地址。

    A. fgetc( )　　　　　　B. fputc( )　　　　　　C. fgets( )　　　　　　D. fputs( )

（6）写字符函数的函数名为（　　　），写入成功则返回写入的字符，写入失败返回 EOF。

    A. fgetc( )　　　　　　B. fputc( )　　　　　　C. fgets( )　　　　　　D. fputs( )

（7）与文件标准输入函数 fscanf(stdin,"%d",&n)；等价的语句是（　　　）。

    A. scanf("%d",&n)；　　　　　　　　　　　B. fprintf(fp,"%d",&n)；

    C. fgets(fp,"%d",&n)；　　　　　　　　　　D. fgetc(stdin,"%d",&n)；

（8）将 n 个数据块从二进制文件读入到内存，正确的函数是（　　　）。

    A. write( )　　　　　　B. fread( )　　　　　C. read( )　　　　　　D. fwrite( )

（9）把文件位置指针移到文件的开始处，重新读写文件的函数调用是（　　　）。

    A. ftell(fp)；　　　　　B. fseek( )；　　　　　C. rewind(fp)；　　　D. seek( )；

（10）向二进制文件中写入一组数据，正确的函数是（　　　）。

    A. write( )　　　　　　B. fread( )　　　　　C. read( )　　　　　　D. fwrite( )

3. 填空题（共 10 小题，每题 2 分，共 20 分）

（1）数据文件按数据的编码方式不同，可分为（　　　　　）文件和（　　　　　）文件两种。

（2）文本文件中的每个字符都以（　　　　　　）方式存储。储数据时，文字、整数、实数、（　　　　　　）都翻译成对应的 ASCII 码，依次存储。

（3）二进制文件按二进制编码方式（　　　）数据，是内存数据的（　　　　　）。

（4）标准输出文件的指针用（　　　）表示，准输入文件的指针用（　　　　）表示。

（5）文件操作用到两种指针，一种是（　　　）指针，另一种文件当前（　　　）指针。

（6）rewind 函数用于把文件（　　　　　）移到文件的（　　　　）处，重新读写文件。

（7）ftell 函数用于获得文件当前位置指针的（　　　　　　　），用相对于文件头的（　　　　　　）来表示。

(8) fputs( )函数的功能是向指定文件的(　　　　　　　　)指针处写入一个(　　　　　　),字符串可以是字符串常量、字符数组名或字符指针变量。

(9) fgets( )函数的功能是从打开的文件中的当前位置指针处(　　　　)一个指定长度的(　　　　)到字符数组中。

(10) 函数调用 fseek(fp,offset,whence);中,fp 是文件指针,offset 指(　　　),whence 表示(　　　)。

4. 简答题(共 5 小题,每题 4 分,共 20 分)

(1) 简述文件操作的过程。

(2) 什么叫文件? 什么叫设备文件? 什么叫外存文件?

(3) 什么叫文件缓冲区? 文件缓冲区的功能是什么?

(4) 什么叫文件指针? 简述文件指针变量定义的语法格式。

(5) 简述二进制文件的操作步骤。

5. 分析题(共 5 小题,每题 4 分,共 20 分)

1) 文件的打开与关闭

例 10.2.1　下面程序是打开与关闭文件操作的源程序,分析操作过程。

```
#include "stdio.h"
#include "stdlib.h"
main()
{
FILE* fp;
fp=fopen("t10_1.txt","r");
if(fp==NULL)
{  printf("\n打开目标文件出现错误\n");
exit(0);}
if(fclose(fp)==0)printf("关闭文件正常\n");
else puts("关闭文件出现错误\n");
}
```

解

2) 文件的输入输出

例 10.2.2　下面程序功能是从数据文件"t10_2.txt"中读出数据,显示到屏幕上,试分析操作过程。"t10_2.txt"中的文本内容为 Hello World!

```
#include "stdio.h"
main()
{
char str[20],ch;
```

```
FILE* fs;
fs=fopen("t10_2.txt","r");
printf("第一次读文件:");
while(!feof(fs))
{ch=fgetc(fs);
printf("%c",ch);
}
rewind(fs);
printf("\n 第二次读文件:");
while(!feof(fs))
{ fgets(str,15,fs);
  fputs(str,stdout);
}
printf("\n");
fclose(fs);
}
```

解

3）文件数据的传送

例 10.2.3　下面程序是将文本文件" t10_2.txt "," r"的内容写到文本文件" t10_3.txt "
中。试分析文件操作过程。

```
#include "stdio.h"
#include "stdlib.h"
void main()
{
FILE* fp,* fq;
char ch;
if((fp=fopen("t10_2.txt","r"))==NULL)    //打开"t10_2.txt"文件,fp 指向该文件
{ printf("\n 打开源文件出现错误\n");
exit(0);}
if((fq=fopen("t10_3.txt","w"))==NULL)    //打开"t10_3.txt"文件,fq 指向该文件
{  printf("\n 打开目标文件出现错误\n");
exit(0); }
while(!feof(fp))
{ch=fgetc(fp);
printf("%c",ch);
fputc(ch,fq);
}
printf("\n");
fclose(fp);
```

```
    fclose(fq);
    }
```

解

4）用结构体组织数据

例 10.2.4　下面程序是用结构体组织数据用 fprintf 函数写入文本文件" t10_4. txt "中去的程序，试分析文件操作的过程。

```
#include <stdio.h>
#include <stdlib.h>
main()
{int i;
 FILE* fp;
 struct stud
 {
 int num;
 char name[16];
 float y;
 double d;
 } st={4201,"Wangfeng",85,6500};
 struct stud s[3]={{4202,"Zhangqqng",19,8000},{4203,"Fangqian",92,5000}};
 fp=fopen("t10_4.txt","w");
 if(fp==NULL){printf("Cannot open this file! \n");exit(0);}
 s[2]=st;
 for(i=0;i<3;i++)
 {fprintf(fp,"%d,%s,%f,%f\n",s[i].num,s[i].name,s[i].y,s[i].d);
 fprintf(stdout,"%d,%s,%f,%f\n",s[i].num,s[i].name,s[i].y,s[i].d);}
 fclose(fp);
 }
```

解

5）二进制文件

例 10.2.5　下面程序是将结构体组织的数据存入二进制文件" b10_5 "之中，试分析文件操作过程，查看二进制文件。

```
#include <stdio.h>
main()
{FILE* fp;
  struct stud
  {
```

```
    int num;
    char name[16];
    float y;
    double d;
}s [3] = {{4201," Wangfeng", 85, 6500 }, { 4202," Zhangqqng", 19, 8000 }, { 4203,
"Fangqian",92,5000}};
    fp=fopen("b10_5","wb+");
    fwrite(s,sizeof(struct stud),2,fp);
    fseek(fp,96L,SEEK_SET);
    fwrite(s,sizeof(struct stud),3,fp);
    fclose(fp);
}
```
解

10.2.2　习题解答

1. 判断题

(1) T　(2) T　(3) F　(4) F　(5) T　(6) T　(7) F　(8) F　(9) T　(10) F

2. 单选题

(1) A　(2) B　(3) C　(4) D　(5) C　(6) B　(7) A　(8) B　(9) C　(10) D

3. 填空题

(1) ASCII 码、二进制　　　　(2) ASCII 码或扩展的 ASCII 码、分割符
(3) 存储、映像　　　　　　　(4) stdou、stdin
(5) 文件、位置　　　　　　　(6) 当前位置或读写指针、开始
(7) 位置、位移量　　　　　　(8) 当前位置、字符串
(9) 读出、字符串　　　　　　(10) 位移量、起始点

4. 简答题

(1) 文件操作先打开文件,指明是为读还是为写打开文件,打开的是文本文件还是二进制文件,建立文件指针变量与文件之间的关联。使用文件输入输出函数读、写文件中的数据,使用和处理这些数据;执行读写操作后,关闭文件。

(2) 文件是管理计算机硬件和软件资源,实现设备和数据管理而定义的软件单位。管理计算机键盘、显示器、打印机、磁盘驱动器等逻辑设备的文件称为设备文件,如系统指定的标准设备控制台用 CON 表示;保存在外部存储介质上的文件称为外存文件,外存文件保存在磁盘、光盘和 U 盘等介质上。

（3）系统为每个正在使用的文件开辟一个内存缓冲区域称为文件缓冲区,读数据之前,先把数据从外存成批地读到文件缓冲区中,使用数据时,直接从文件缓冲区中寻找数据,写数据时,将数据写到文件缓冲区,再由文件缓冲区和外存进行数据交换。

（4）文件指针 FILE 是结构体类型,包括缓冲区标志、文件状态标志、文件描述符、缓冲区大小、缓冲区位置等成员。用户使用 FILE 类型声明结构体指针变量,指向已打开的文件。文件指针变量定义的语法格式为 FILE ＊指针变量;。

（5）二进制文件的操作如下:先打开文件,在打开二进制文件时设置以二进制形式打开。再用 fread（ ）函数与 fwrite（ ）函数进行读写操作,用读写函数整块地读取数据。使用完毕要关闭文件。

5．分析题

1）因为在程序中使用 exit 函数,因此,头文件中包括标准库头文件"stdlib. h"。程序中先声明文件指针 fp,以读的方式打开已存在的文本文件"t10_1. txt",如果打开错误,输出提示错误信息,正常退出程序。本程序没有做读写操作,直接关闭文件,如果 fclose(fp)的值为 0,关闭正常,显示"关闭文件正常信息",否则,显示关闭错误。

2）本程序一次打开文本文件,为读打开文本文件"t10_2. txt",分两次读文本文件,第一次用循环读取单个字符,输出到屏幕,将文件当前位置指针复位到初始处,第二次用循环语句读字符串,并将字符串输出到屏幕。运行程序输出结果如下:

第一次读文件:Hello World!

第二次读文件:Hello World!

3）将文本文件"t10_2. txt"的内容写到文本文件"t10_3. txt"中去,必须要为读而打开文本文件"t10_2. txt",为写打开文本文件"t10_3. txt",打开两文件后,用循环语句逐字从"t10_2. txt"读取字符,并且,逐字地写入文本文件"t10_3. txt"中去。见程序右边的注释。

4）先定义结构体类型 stud,声明结构体变量 st 和结构体数组 s[3],为结构体变量和结构体数组赋初值;打开文本文件"t10_4. txt",执行循环语句,用 fprintf 函数写入文本文件"t10_4. txt"中去,并在屏幕上显示输出内容。运行程序屏幕显示与文本文件相同的内容:

```
4202,Zhangqqng,19.000000,8000.000000
4203,Fangqian,92.000000,5000.000000
4201,Wangfeng,85.000000,6500.000000
```

5）先定义结构体类型 stud,声明结构体结构体数组 s[3],为结构体数组赋初值;为写打开二进制文件"b10_5. txt",用二进制写函数写 2 块数据,将当前位置指针移动到文件开头偏移 96 字节位置,再写 3 个数据块,如图 10.2.1 所示。

```
000000  69 10 00 00 57 61 6E 67  66 65 6E 67 00 00 00 00   i...Wangfeng....
000010  00 00 00 00 00 00 AA 42  00 00 00 00 00 64 B9 40   ......B.....d.@
000020  6A 10 00 00 5A 68 61 6E  67 71 71 6E 67 00 00 00   j...Zhangqqng...
000030  00 00 00 00 00 00 98 41  00 00 00 00 00 40 BF 40   .......A.....@.@
000040  00 00 00 00 00 00 00 00  00 00 00 00 00 00 00 00   ................
000050  00 00 00 00 00 00 00 00  00 00 00 00 00 00 00 00   ................
000060  69 10 00 00 57 61 6E 67  66 65 6E 67 00 00 00 00   i...Wangfeng....
000070  00 00 00 00 00 00 AA 42  00 00 00 00 00 64 B9 40   ......B.....d.@
000080  6A 10 00 00 5A 68 61 6E  67 71 71 6E 67 00 00 00   j...Zhangqqng...
000090  00 00 00 00 00 00 98 41  00 00 00 00 00 40 BF 40   .......A.....@.@
0000a0  6B 10 00 00 46 61 6E 67  71 69 61 6E 00 00 00 00   k...Fangqian....
0000b0  00 00 00 00 00 00 B8 42  00 00 00 00 00 88 B3 40   .......B.....@
```

图 10.2.1　二进制文件数据

10.3 文件实验

10.3.1 文件编程方法

文件编程方法是讨论数据文件编程方法。对于文件操作,必须根据读、写要求而先打开文件,打开文件后用文件指针指向已打开的文件,可以对数据文件进行读写操作,操作完成后,必须关闭文件。这些基本步骤是文件操作必不可少内容。

1. 数据文件打开与关闭模板

例 10.3.1 试写出常用打开与关闭文件的程序模板。

解 一般常用打开与关闭文件的程序模板应该包括编译预处理的两个头文件。其中,♯include "stdlib. h"头文件中包含了 exit 函数,程序中用到 exit 函数,前面必须有"stdlib. h"头文件。声明指针变量的指针名可以不同,但必须是指针变量,＊号定义符一定不能丢掉。将文件指针指向已打开的数据文件,其中数据文件的文件名由用户命名,可以包括路径。文件名的路径说明中用"\\",模式根据读 r、写 w 操作进行填写。在技术指标开文件之后检查一下打开是否正确,出错显示错误信息并退出程序。然后进行读写操作,最后用 fclose(指针);关闭文件。常用程序模板如下:

常用打开一个文件的模板	打开两个文件的模板
```#include "stdio.h"```	```#include "stdio.h"```
```#include "stdlib.h"```	```#include "stdlib.h"```
```main()```	```main()```
```{```	```{```
```FILE* fp;```	```FILE * fp1,* fp2;```
```fp=fopen("E:\VC\data10_6.txt","a");```	```fp1=fopen("s10_6.txt","r");```
```if(fp==NULL)```	```if(fp1==NULL)```
```{ printf("\n 打开目标文件出现错误\n");```	```{ printf("\n 打开源文件出现错误\n");exit(0);}```
```exit(0); }```	```fp2=fopen("d10_6.txt","w");```
读写操作	```if(fp2==NULL)```
```fclose(fp);```	```{ printf("\n 打开目标文件出现错误\n");exit(0);}```
```}```	```fclose(fp1);```
	```fclose(fp2);```
	```}```

2. 文本文件的读写操作

通常使用函数 fgetc( ),fputc( ),fgets( ),fputs( ),fscanf( )与 fprintf( )等函数读写文件数据。

例 10.3.2 下列程序在打开与关闭函数模板中,添加读写函数,相互替换这些函数分析操作过程。

解　将 fgetc( )与 fputc( )组合在一起,fgets( )与 fputs( )组合在一起,fscanf( )与
fprintf( )组合在一起,分三组编写读写程序如下:

fgetc( )与 fputc( )函数	fgets( )与 fputs( )函数	fscanf( )与 fprintf( )函数

`#include "stdio.h"`
`#include "stdlib.h"`
`main()`
`{ char ch;`
`FILE*fp1,*fp2;`
`fp1=fopen("s10_6.txt","r");`
`if(fp1==NULL)`
`{ printf("\n 打开源文件出现错误\n");exit(0);}`
`fp2=fopen("d10_6.txt","w");`
`if(fp2==NULL)`
`{ printf("\n 打开目标文件出现错误\n");exit(0);}`
`while(! feof(fp1))`
`{ch=fgetc(fp1);`
` printf("%c",ch);`
` fputc(ch,fp2);`
`}`
`fclose(fp1);`
`fclose(fp2);`
`}`
	`#include "stdio.h"`
	`#include "stdlib.h"`
	`main()`
	`{ char ch,str[16];`
	`FILE*fp1,*fp2;`
	`fp1=fopen("s10_6.txt","r");`
	`if(fp1==NULL)`
	`{ printf("\n 打开源文件出现错误\n");exit(0);}`
	`fp2=fopen("d10_6.txt","w");`
	`if(fp2==NULL)`
	`{ printf("\n 打开目标文件出现错误\n");exit(0);}`
	`while(! feof(fp1))`
	`{fgets(str,11,fp1);`
	`fputs(str,stdout);`
	`fputs(str,fp2);}`
	`fclose(fp1);`
	`fclose(fp2);`
	`}`
		`#include "stdio.h"`
		`#include "stdlib.h"`
		`main()`
		`{ char ch,str[16];`
		`FILE*fp1,*fp2;`
		`fp1=fopen("s10_6.txt","r");`
		`if(fp1==NULL)`
		`{ printf("\n 打开源文件出现错误\n");exit(0);}`
		`fp2=fopen("d10_6.txt","w");`
		`if(fp2==NULL)`
		`{ printf("\n 打开目标文件出现错误\n");exit(0);}`
		`while(! feof(fp1))`
		`{fscanf(fp1,"%s",str);`
		`fprintf(stdout,"%s\n",str);`
		`fprintf(fp2,"%s\n",str);`
		`}`
		`fclose(fp1);`
		`fclose(fp2);`
		`}`

3. 用字符数组处理字符串

可以用字符数组处理字符串,将字符数组的数据写入文件。

例 10.3.3　已知 char * s="12\122def78\tjklm\bnop\nqrst",a[20];,编写用字符数
组处理字符串程序,将小写字母存入字符数组 a[20],并输出到文件 out.dat 中。

解　打开与关闭函数模板中包括声明文件指针,打开文件并赋给指针,将数据写入文
件和关闭文件操作。在声明文件指针后,声明字符串指针与字符数组,声明程序中使用的
变量,用 while(* (s+i))循环将字符串中的小写字母赋给字符数组 a[k],最后一个元素
用'\0'结束。再执行打开文件、数据写入文件和关闭文件操作。编制程序如下:

```
#include <stdio.h>
main()
{ FILE*fp;
char*s="12\122def78\tjklm\bnop\nqrst",a[20];
int k=0,i=0;
printf("%s\n",s);
```

```
        while(*(s+i))
          {if(s[i]>='a' && s[i]<='z'){a[k]=s[i];k++;}
           i++;}
           a[k]='\0';
        printf("%d\n",k);
        fp=fopen("E:\\vc\\sy10\\out.dat","w");
        fputs(a,fp);
        puts(a);
     fclose(fp);
   }
```

4. 用结构体组织数据

例 10.3.4　已知四等边三角形的底与高分别为{4,1},{4,2},{4,3},{4,4},试求每个三角形的斜边和面积。

解　用结构体组织数据程序更加清楚、明晰,先定义结构体类型,成员变量包括整型的底 bot 和高 high,双精度型的斜边 hyp 和面积 area,用循环语句处理结构体数组和输出结构体数组,编制程序如下:

```
#include <stdio.h>
#include <math.h>
main()
{FILE* fp;
   struct ITA
  {
   int bot;
   int high;
   double hyp;
   double area;
}s[4]={{4,1,0.0},{4,2,0.0,8.0},{4,3,0.0,0.0},{4,4,0.0,0.0}};
  int i;
  for(i=0;i<4;i++)
  {s[i].hyp=sqrt(s[i].bot/2.0*s[i].bot/2.0+s[i].high*s[i].high);
   s[i].area=s[i].high*s[i].bot/2.0;
  }
fp=fopen("b10_10","w");
for(i=0;i<4;i++)
  {fprintf(fp,"s[%d]:bot=%d,high=%d,hyp=%f,area=%f\n",i,s[i].bot,s[i].
high,s[i].hyp,s[i].area);
     printf("s[%d]:bot=%d,high=%d,hyp=%f,area=%f\n",i,s[i].bot,s[i].
high,s[i].hyp,s[i].area);
    }
fclose(fp);
}
```

编译、运行程序,屏幕输出结果为:

```
s[0]:bot=4,high=1,hyp=2.236068,area=2.000000
s[1]:bot=4,high=2,hyp=2.828427,area=4.000000
s[2]:bot=4,high=3,hyp=3.605551,area=6.000000
s[3]:bot=4,high=4,hyp=4.472136,area=8.000000
```

打开输出文件 b10_10,文件内容与屏幕输出内容相同。

5. 文本文件转换成二进制文件

将文本文件读入内存,保存在二进制文件之中。

例 10.3.5　文件"b10_10in"内容如下,读入文本文件,将其存入二进制文件"b10_10out"之中。

```
Hello!
DEV C++
Visual C++
C Programming Language
```

解　设置两个文件指针,FILE * fin,* fout;,为读打开文本文件"b10_10in",为写打开二进制文件"b10_10out",设置字符数组 s[32]大于最长的字符串,用循环语句将文本文件中的字符串读入数组,通过数组用二进制方式写入二进制文件之中,源程序如下:

```
#include <stdio.h>
#include <math.h>
main()
{
    FILE* fin,* fout;
    int i;
    char s[32];
    fin=fopen("b10_10in","r");
    fout=fopen("b10_10out","wb+");
    for(i=0;i<4;i++){
        fgets(s,32,fin);
        fwrite(s,sizeof(s),1,fout);
        printf("%s",s);
    }
    fclose(fout);
    fclose(fin);
}
```

编译、运行程序,屏幕显示:

```
Hello!
DEV C++
Visual C++
C Programming Language
```

打开二进制文件"b10_10out",显示内容如下:

```
000000   48 65 6C 6C 6F 21 0A 00   CC CC CC CC CC CC CC CC   Hello! ··············
000010   CC CC CC CC CC CC CC CC   CC CC CC CC CC CC CC CC   ·····················
000020   44 45 56 20 43 2B 2B 0A   00 CC CC CC CC CC CC CC   DEU C++ ·········
000030   CC CC CC CC CC CC CC CC   CC CC CC CC CC CC CC CC   ·····················
000040   56 69 73 75 61 6C 20 43   2B 2B 0A 00 CC CC CC CC   Visual C++ ········
000050   CC CC CC CC CC CC CC CC   CC CC CC CC CC CC CC CC   ·····················
000060   43 20 50 72 6F 67 72 61   6D 6D 69 6E 67 20 4C 61   C Programming La
000070   6E 67 75 61 67 65 0A 00   CC CC CC CC CC CC CC CC   nguage ···········
```

10.3.2　实验预习与实验报告

_____大学_____学院实验报告

课程名称:C语言程序设计　　　实验内容:文件　　　指导教师:

系部:　　　　　　　　　　　专业班级:

姓名:　　　　　　　　　　　学号:　　　　　　　成绩:

一、实验目的

(1) 掌握缓冲文件系统的概念,掌握文件指针的概念。

(2) 掌握文件的打开、关闭和输入输出操作。掌握文件指针的定位。

(3) 掌握文件操作的方法。

二、预习作业(每小题 5 分,共 40 分)

1. 程序填空题(试在括号中填入正确的答案,并上机验证程序的正确性)

(1) 从 E 盘文件"myfile. txt"中读取一个字符串并显示在屏幕上,请填空。

```c
#include <stdio.h>
#include <stdlib.h>
main()
{   FILE *fp;char str[20];
    fp=fopen("(    )","(    )");
    if(fp==NULL){printf("Cannot open this file! \n");(    );}
    fgets(str,21,fp);
    fputs(str,stdout);
    fclose(fp);
    }
```

(2) 从键盘输入一组字符,并输出到"myout. txt"文件中,用字符♯人微言轻键盘输入的结束标志,请把程序补充完整。

```c
#include <stdio.h>
#include <stdlib.h>
main()
```

```
{   FILE* fpout;char ch;
    fpout=fopen("t1.txt","a");
    if(          ){printf("Cannot open this file! \n");exit(0);}
    ch=getchar( );
    while(ch! ='#')
{   fputc(ch,( ));
    ch=getchar( );}
    fclose(fpout);
        }
```

2. 程序改错并上机调试运行

（1）将文件指针 f1 所指文件中的字符串复制到 f2 所指的文件中,请改正程序中的错误。

```
#include <stdio.h>
main()
{   FILE* f1,* f2;char str[20];
/* * * * * * * * * * found* * * * * * * * * * /
fp1=fopen("file1","w");
    fgets(str,20,f1);
fp2=fopen("file2","r");
    fputs(str,f2);
    fclose(fp1);
    fclose(fp2);
        }
```

（2）请改正程序中出现的错误。

```
#include <stdio.h>
#include <stdlib.h>
/* * * * * * * * * * found* * * * * * * * * * /
FILE* fout;
main()
{   int i,j;
    if((fout=FILE("file.dat","wb"))==NULL)exit(0);
    for(i=0;i<10;i++)
{   scanf("%d",&j);
    fputs(s,fout);
        }
    FILEclose(fp);
        }
```

3. 读程序写结果并上机验证其正确性

（1）若文本文件 file.dat 中原有内容为 good,则运行以下程序后文件 file 的内容为
（　　）。

```
#include <stdio.h>
main()
{ FILE* fp1;
fp1=fopen("file","w");
fprintf(fp1,"abc");
fclose(fp1);
}
```

（2）读程序，写出程序的输出结果（　　）。

```
#include <stdio.h>
void WriteStr(char* fn,char* str)
{ FILE* fp;
fp=fopen(fn,"w");
fputs(str,fp);
fclose(fp);
}
main()
{  WriteStr("t1","start");
   WriteStr("t1","end");
}
```

4. 编程题

（1）试编程统计给定文件中英文字符的个数。

（2）试编写程序把 file3 文件中的文字复制到 file4 文件中去。

三、调试过程（调试记录 10 分、调试正确性 10 分、实验态度 10 分）

（1）分别调试验证预习作业的正确性。

（2）详细记录调试过程，记录下出现的错误，提示信息。

（3）记录解决问题，改正错误的方法，目前还没有解决的问题。

（4）记录每个程序的运行结果，思索一下是否有其他的解题方法。

（5）分别将文件 ex10_1. c,ex10_2. c,ex10_3. c,ex10_4. C,ex10_5. c,ex10_6. c, ex10_7. c,ex10_8. c 等文件存入考生文件夹中，并上交给班长。

四、分析与总结（每个步骤 10 分）

（1）分析实验结果，判断结果的合理性及产生的原因。

（2）总结实验所验证的知识点。

（3）写出实验后的学习体会。